有限会社インタラクティブリサーチ
福永勇二 著

ネットワーク、マジわからん と思ったときに読む本

本書に掲載されている会社名・製品名は、一般に各社の登録商標または商標です。

本書を発行するにあたって、内容に誤りのないようできる限りの注意を払いましたが、本書の内容を適用した結果生じたこと、また、適用できなかった結果について、著者、出版社とも一切の責任を負いませんのでご了承ください。

　本書は、「著作権法」によって、著作権等の権利が保護されている著作物です。本書の複製権・翻訳権・上映権・譲渡権・公衆送信権（送信可能化権を含む）は著作権者が保有しています。本書の全部または一部につき、無断で転載、複写複製、電子的装置への入力等をされると、著作権等の権利侵害となる場合があります。また、代行業者等の第三者によるスキャンやデジタル化は、たとえ個人や家庭内での利用であっても著作権法上認められておりませんので、ご注意ください。
　本書の無断複写は、著作権法上の制限事項を除き、禁じられています。本書の複写複製を希望される場合は、そのつど事前に下記へ連絡して許諾を得てください。

出版者著作権管理機構
（電話 03-5244-5088, FAX 03-5244-5089, e-mail: info@jcopy.or.jp）

JCOPY ＜出版者著作権管理機構 委託出版物＞

はじめに

あなたは、インターネットをまったく利用しない日が1年間でどれくらいありますか？ 利用する日より利用しない日のほうが多い、と答える人は少ないのではないでしょうか。

ネットショップで服や雑貨を買ったり、SNSで友だちとコミュニケーションをとったり、料理のレシピを検索したり、動画配信サービスでいろんな動画コンテンツを楽しんだり……そういった趣味のための行動だけでなく、公共料金の支払いをしたり、自分が住んでいる地域のおしらせを確認したりと、公的なサービスでもインターネットを利用する機会は増えてきています。

しかし、そのインターネットについて「しくみを理解できている」といいきれる人は少ないのではないでしょうか。当たり前のサービスとして浸透したインターネットですが、そのためにどんな物理的な設備が必要で、どんなルールや枠組みが必要になるのかは、よくわからない場合が多いと思います。

この本は、そういった「**インターネットをよく使うけれど、しくみはよくわからない**」**という人に向けたネットワークの入門書**です。ルーターなどの日常的に使う機器や、IPアドレスなどのよく目にするネットワーク用語などについて、IT関係の前提知識がなくてもわかるよう、できるだけかみ砕いて説明を行いました。とくに **Chapter 3** までは、家庭用の回線や機器を例として、難解な用語は避けて具体的にイメージしやすい説明を心がけました。

もし、あなたに「ネットワークの入門書を読んだことがあるものの、難しくて挫折してしまった」という経験があるなら、ぜひ本書を手に取って読んでいただきたいです。

　逆に、ある程度IT関係の知識があって、試験対策などのために専門的な知識を求めている場合は、本書よりも上級の書籍で学ぶことをおすすめします。あくまで一般ユーザー向けの本なので、ネットワーク系の部署に配属されて深い知識が必要となった人などには物足りない構成になっています。ただ、もし前提知識に不安がある場合は、より専門的な書籍を読む前に本書を通読しておけば、学習の役に立つと思います。

　本書を通読すると、光回線などの身近なネットワークのしくみやインターネットの構造、代表的な通信プロトコルの役割などが理解でき、最終的には、通信における具体的なデータの動きまで理解できるようになります。その結果、これまでぼんやりとしか思い描けなかったネットワークが、具体的な形としてイメージできるようになったらしめたものです。それはまさに「ネットワークとはなにか」を深く理解するための第一歩なのですから。

　ネットワークなんてしくみを知らなくても使えるよ、と割り切ることもできるでしょう。しかし、たとえばクルマがそうであるように、ネットワークもまたそのしくみを知ることによって、さらに便利に、さらに快適に、さらに安全に使いこなせるようになります。インターネットなしの毎日は考えられない現代だからこそ、日々の暮らしに欠かせない新たな常識として、ネットワークのことを学ぶ。そんなとき、ぜひ本書のページをめくってみてください。

この本で学べること

- インターネットがどのように成り立っているのか
- 有線LANや無線LAN(Wi-Fi)のしくみ
- ルーターなどのネットワーク機器の役割
- ごく基本的なプロトコルの役割

この本の読者対象

- インターネットを利用しているけれど、しくみはよくわからないという方
- ネットやスマホを契約するときに、知らない用語が多くて困ったことがある方
- 一般社員向けのネットワーク講習を担当するIT関連部署の社員
- 初めて自分のスマホやPCをもつ学生、あるいはそういった学生にインターネットについて教える必要がある大人
- ネットワークの入門書を読んでみたが、知らない用語が多くて挫折してしまった方

この本の構成

Chapter 1　ネットワークってなんだろう？
Chapter 2　インターネットのしくみを知ろう
Chapter 3　Wi-Fiのしくみを知ろう
Chapter 4　プロトコルはネットワークを支える大事なルール
Chapter 5　代表的なプロトコルたち
Chapter 6　実際のネットワークでのやりとりを見てみよう

CONTENTS

Chapter 1 ネットワークってなんだろう?

❶ ネットワークってなんだろう? ……… 2
❷ 身近なネットワーク① スマホのネットワーク ……… 4
❸ 身近なネットワーク② 無線LAN ……… 6
　コラム|1　回線事業者とプロバイダー ……… 9
❹ 身近なネットワーク③ 有線LAN ……… 10
❺ スマホをネットにつないでみよう ……… 12
❻ PCを無線LANにつないでみよう ……… 16
❼ PCを有線LANにつないでみよう ……… 18
❽ 複数のデバイスをハブでつないでみよう ……… 20
❾ 複数のデバイスを無線LAN親機でつないでみよう ……… 22
　コラム|2　有線LANの規格 ……… 24
　コラム|3　LANケーブルの種類 ……… 25
　読書案内|1　この本の次に読むネットワーク本の選びかた ……… 26

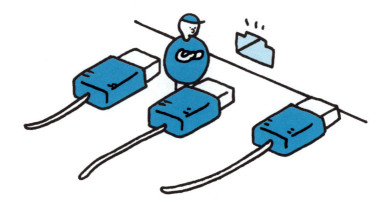

Chapter 2 インターネットのしくみを知ろう

- ⑩ インターネットってなんだろう? ... 28
- ⑪ ルーターでネットワーク同士を接続する ... 30
- ⑫ ルーターでつながるインターネットワーキング ... 34
- ⑬ 世界中に広がるプロバイダー同士のつながりあい ... 36
- ⑭ インターネットを使うために契約する会社は? ... 39
- ⑮ 光インターネットのケーブルを見てみよう ... 42
- ⑯ 光ケーブルが家に届くまで ... 44
- ⑰ 光信号を電気信号に変える装置 ... 48
- ⑱ IPアドレスってなんだろう? ... 50
- ⑲ IPアドレスって変わることがあるの? ... 53
- ⑳ IPアドレスの中身を見てみよう ... 56
  - コラム 4 2進数 ... 58
  - コラム 5 IPv4とIPv6 ... 59
- ㉑ ウェブサイトが閲覧できるしくみ ... 60
- ㉒ コンピューターの名前を見てみよう ... 62
- ㉓ IPアドレスとドメイン名を関連づけるしくみ ... 65
- ㉔ インターネットの全体像 ... 68
  - 読書案内 2 ネットワークについて学べる入門書 ... 70

Chapter 3 | Wi-Fiのしくみを知ろう

- ㉕ Wi-Fiってなんだろう? 72
  - コラム 6　無線LANの規格 74
- ㉖ 電波ってなんだろう? 76
- ㉗ 2.4GHz帯と5GHz帯の使い分け 80
- ㉘ 無線LANネットワークの名前を見てみよう 82
- ㉙ ネットワークを守るパスワード 84
- ㉚ 無線LAN親機の2つのモード 86
- ㉛ 広いエリアでも同じWi-Fiを使えるようにするには? 88
- ㉜ 暗号化ってなんだろう? 90
- ㉝ 暗号化規格と暗号アルゴリズム 92
- ㉞ Wi-Fiの電波は強ければ強いほどいい? 94
- ㉟ 無線LANの通信速度をグンと速くするには? 96
  - コラム 7　Wi-Fiルーターの暗号化機能の書き表しかた 99
- ㊱ 移動しながらでもスマホでネットが使える理由 100
  - コラム 8　スマホの通信規格 104
- ㊲ スマホ以外でも移動しながらネットを使うには? 105
  - 読書案内 3　セキュリティについて学べる入門書 108

Chapter 4 | プロトコルはネットワークを支える大事なルール

- ㊳ プロトコルってなんだろう? ……………………………………………… 110
- ㊴ 組み合わせて使うプロトコル ……………………………………………… 113
- ㊵ プロトコルとプロトコルの関係を見てみよう …………………………… 115
- ㊶ ネットワークの階層構造ってなんだろう? ……………………………… 120
- ㊷ TCP/IPモデルの4つの階層 ……………………………………………… 124
- ㊸ OSI参照モデルの7つの階層 ……………………………………………… 129
  - コラム|9　TCP/IPモデルとOSI参照モデルの使い分け …………… 134

Chapter 5 | 代表的なプロトコルたち

- ㊹ IP：あらゆる端末が通信できるようにする ……………………………… 136
- ㊺ IPの3つのキーワードを確認しよう ……………………………………… 138
- ㊻ TCP：信頼性の高い通信を実現する ……………………………………… 142
- ㊼ TCPの3つのキーワードを確認しよう …………………………………… 146
- ㊽ UDP：反応のよい通信を実現する ……………………………………… 150
  - コラム|10　IP電話・インターネット電話 ……………………………… 153
- ㊾ 「コネクション型」と「コネクションレス型」を理解しよう ……………… 156
- ㊿ HTTP：ウェブサーバーにアクセスする ………………………………… 148
- ❺ HTTPの3つのキーワードを確認しよう ………………………………… 160
- ❺ SMTP：メールの送信と転送を行う ……………………………………… 164
- ❺ POP3：サーバーに届いたメールを取り出す …………………………… 168
- ❺ IMAP4：サーバーに蓄えたメールを閲覧する ………………………… 172
- ❺ DNS：IPアドレスとドメイン名の紐づけ ……………………………… 176
- ❺ Ethernet：通信に使うハードウェアのきまり ………………………… 179

Chapter 6

実際のネットワークでのやりとりを見てみよう

(57) ハブでつないだコンピューター同士のやりとり ……… 184
(58) 実際のネットワークでの通信の様子 ……… 189
(59) IPアドレスとMACアドレスの関係づけ ……… 194

INDEX ……… 200

Chapter 1

ネットワークってなんだろう?

このChapterでは、この本で説明するネットワークとはなにか、Wi-Fiなどの身近な例を挙げながら説明します。
まずは、みなさんが家庭や会社でインターネットの設定をするときに、よく耳にするような用語を説明したのち、スマホやPCのネットワークの簡単なしくみを紹介していきます。

ネットワークの定義

ネットワーク／インターネット

1 ネットワークって なんだろう?

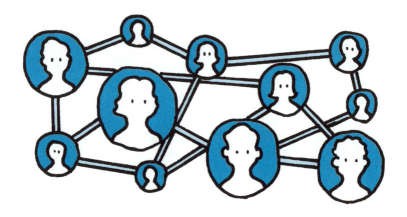

　まずは、**ネットワーク**がどんなものか少し考えてみましょう。ネットワークは、いろんなものがお互いにつながりあっている状態、あるいは、そのようにつながりあったもの全体を指す言葉です。網を意味する「ネット」に由来し、友人関係や人脈なども、たびたびネットワークとよばれます。

　友人関係や人脈などの場合、網でつながっているものは「人間」です。一方、IT分野で「ネットワーク」といった場合は、スマートフォン(スマホ)やパソコン(PC)などの**デバイス**(端末)がつながって通信できる状態になっているもの(**通信網**)を指します。

たとえば、ごく近距離のデバイス同士を無線接続するBluetooth(ブルートゥース)で、PCにキーボードやマウスなどをつないだとしましょう。これも、デバイス同士がつながって相互に通信できるので、ごく小規模なネットワークといえなくはありません。

　しかし、日ごろの会話で単にネットといった場合……たとえば「ネットで探す」「ネットがつながらない」などといった場合は、たいていインターネット※1のことを指しています。

　この本で扱う「ネットワーク」は、「**インターネットにつながることができて、ほかのスマホやPCともつながることのできる通信のしくみ**」とします。具体的には、**有線LAN**(ゆうせんラン)、**無線LAN**(むせんラン)(**Wi-Fi**)(ワイファイ)、**モバイルデータ通信**(つうしん)(**スマホ回線**(かいせん))、**光回線**(ひかりかいせん)などが相当します。Bluetooth、USB、NFCなどのデバイス同士をつなぐためのネットワークは、通常インターネットにはつながらないので、この本では扱わないことにします。

▲ **この本で扱う「ネットワーク」**

　いろいろ書きましたが、難しく考える必要はありません。いつも何気なく使っているSNSや動画配信につながるためのしくみ、それがネットワークである、くらいのシンプルなイメージで大丈夫です。まずは、身近なネットワークを見ていきましょう。

※1　インターネットについての詳細は、⑩を参照してください。

身近なネットワーク①
スマホのネットワーク

私たちがふだん使っているスマホは、Wi-Fiルーター（⑪参照）などの外部機器を使っていない場合、携帯電話会社のネットワークを利用しています。携帯電話会社が用意した電波を使って屋外にある**基地局**とつながり、そこから携帯電話会社のネットワークを経由してインターネットにつながる、という方法です。これは**モバイルデータ通信**ともよばれ、その技術を指す**4G**や**5G**といった名称[※2]は、いまや馴染み深いものでしょう。

※2　4Gや5Gなどの名称は、モバイル通信システムの世代を指します。2025年現在、これまで主流であった4Gから5Gへの移行が進んでいます。一般に、世代があとの規格のほうが、性能がよくなります。

下の図は、モバイルデータ通信の流れを表したものです。

▲ **モバイルデータ通信の流れ**

基地局とは、スマホと実際に電波のやりとりをする通信設備のことです。日本中あちこちに存在していて、鉄塔やビル屋上などに取りつけられたアンテナと、それにつながる機器で作られています。1つの基地局は半径数100メートルから数キロメートル程度の範囲をカバーします。このような基地局がたくさんあることで、モバイルデータ通信を利用できる範囲が広く保たれています。

携帯電話会社のビルでは、基地局から届いた通信に対してさまざまな処理が行われます。基地局に届いた**音声通信**(通話)と**データ通信**(インターネットへのアクセスやメールのやりとりなど)は、それぞれに所定の手続きを経ることで、任意の相手と通話したり、さまざまなインターネットサービスを利用したりできるようになります。基地局と携帯電話会社のビルは、通常、**光ケーブル**[※3]などの有線ケーブルでつながっています。

モバイルデータ通信は電波を使うので、基地局までの距離が遠いときや、鉄筋コンクリートなどの建物内にいて電波が入りにくいときには、通信速度が遅くなったり、通信状況が不安定になったりすることがあります。

※3 光を使った信号を送るためのケーブルのこと。銅線の代わりに、髪の毛のように細くした特殊ガラスやプラスチックが使われます。くわしくは⑮を参照してください。

身近なネットワークの構造　　　無線LAN　アクセスポイント

3 身近なネットワーク② 無線LAN

いま使われているスマホやPCの多くは、**無線LAN**機能を内蔵しています。無線LANは、別名**Wi-Fi**ともよばれます[※4]。
LANとは**Local Area Network**の略で、家や会社などのかぎられた範囲のネットワーク[※5]を意味します。無線LANはその名のとおり、家や会社内などのかぎられた範囲の通信を、ケーブルを使わずに行います。ケーブルを使わない点はモバイルデータ通信と同じですが、モバイルデータ通信と違ってデバイス単体では利用できず、**ONU**や**モデム**、および**Wi-Fiルーター**などの外部機器が必要です。

※4　正確には、無線LAN機器のうち、Wi-Fi Allianceという団体の認証を受けたものをWi-Fiとよびます（㉕ 参照）。
※5　かぎられた範囲をつなぐLANに対して、本店と支店のように遠く離れた拠点間をつなぐネットワークは**WAN**（Wide Area Network）とよばれます。

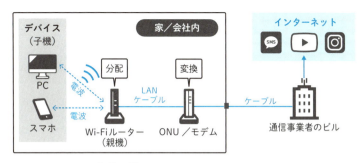

▲ Wi-Fiによる通信の流れ（Wi-FiルーターとONU／モデムを使う場合）

ONUやモデムは、光ケーブルや銅線ケーブルを通って伝わってきた光や電気の信号を、スマホやPC、あるいはWi-Fiルーターなどで処理できる形式の電気信号に変換する機器です[※6]。

Wi-Fiルーターは、ONUなどから信号を受け取って処理し、複数の機器に電波で伝えたり、逆に複数の機器から電波を受け取って処理し、ONUなどに引き渡したりする役割をもちます[※7]。

無線LANで使用する機器は、大きく2つのタイプに分類されます。1つは、子機(後述)との接続機能や外部との通信機能を備えた**親機**(**アクセスポイント**、㉚ 参照)です。そしてもう1つが、親機に接続する機能をもつ**子機**です。近年では、子機の機能を内蔵するデバイスが増え、特別なことをしなくてもそのまま無線LANにつなげるケースが増えました。

親機に関しては、Wi-FiルーターとONUを一体化した機器も多く使われていて、それらは**ホームゲートウェイ**ともよばれます。通常、ONUやホームゲートウェイは通信会社からレンタルして、Wi-Fiルーターは通信会社からレンタルまたは自分で購入して利用します。

※6 光回線との接続に利用するものはONU、ケーブルテレビや電話回線との接続に利用するものはモデムとよばれます。それぞれ変換するものは違いますが、通信における役割は同じです。
※7 混同されやすいものとしてハブがあります。ルーターについては⑨や⑪、ハブについては⑧を参照してください。

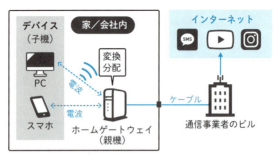

▲ Wi-Fiによる通信の流れ（ホームゲートウェイを使う場合）

　このほか、無線LANにのみ対応した各種のデバイスから、前節で説明したスマホのネットワークにつなぎたいときには、モバイルルーターが使われます。モバイルルーターは、無線LANとの通信を、スマホのネットワークとの通信に変換するはたらきをします。これを利用すると、ノートPCなど無線LANにのみ対応するデバイスで、スマホのネットワークを使えるようになります。

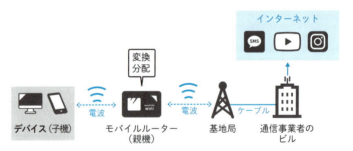

▲ Wi-Fiによる通信の流れ（モバイルルーターを使う場合）

　無線LANは、デバイスにケーブルをつながなくてよいため、Wi-Fiルーターからの電波が届く範囲であれば、自由に動きながらネットを使えます。そのため、後述する有線LANより行動の自由度が高いという特徴があります。その一方で、設定の簡単さ、通信の速度や安定性、セキュリティの強固さなどの点では、多くの場合、有線LAN（④参照）に軍配が上がります。

コラム 1 回線事業者とプロバイダー

モバイルデータ通信では、基地局などを運用する携帯電話会社が、音声による通話とインターネットへの接続サービスをまるごと提供しています。

これに対し、家庭や会社などに光回線を引いて無線LANや有線LANで使用するケースでは、多くの場合、インターネット接続をするにあたって2つの会社が関わります。それは**回線事業者**と**プロバイダー**(ISP：Internet Service Provider)です。③と④の図では省略しましたが、通信事業者(細かくいうと回線事業者)のビルに届いた情報は、プロバイダーというインターネット接続を提供する会社を経由してインターネットにつながります。このように、光回線は、「各家庭や会社など、至るところに光回線を張り巡らせること」と「インターネットへの窓口を提供すること」の2つに分業する体制が主流となっています。

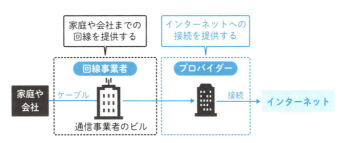

▲ インターネット接続に関わる2つの会社

日本における代表的な回線事業者としては、NTTやKDDIが挙げられます。プロバイダーは非常に多く存在し、たとえばGMOインターネットやBIGLOBEなどは、その一例です。回線事業者とプロバイダーについては、⑬と⑭でくわしく説明します。

身近なネットワーク③ 有線LAN

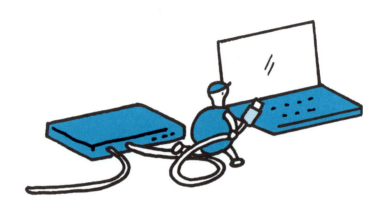

有線LAN[※8]は、その名のとおり、**LANケーブル**とよばれる「線」を使って通信を行う方法です。PCのほか、プリンターなどの周辺機器でも使われています。

有線LANを使うには、デバイスにケーブルをつなぐ差し込み口(**LANポート**)が必要ですが、LANポートがついているかどうかはPCの機種によって違います。一般に、デスクトップPCはついていて、薄型のノートPCにはついていない傾向があります。また、スマホにはLANポートがついていません。

※8 有線LANを**イーサネット**とよぶこともあります。正確には、イーサネットは有線LANの標準規格です。くわしくはコラム2や56を参照してください。

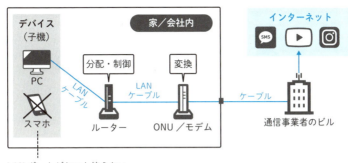

LANポートがないと使えない

▲ 有線LANによる通信の流れ

　有線LANはデバイスにケーブルをつなぐので、大きく移動しながら使うことはできず、ほぼ決まった場所で使うことが求められます。その代わり、通信は高速で反応がよく安定しており、セキュリティ面でも優れているというメリットがあります。たとえば3Dのアクション対戦ゲームのように、通信速度、反応のよさ、安定性のすべてが求められる用途では、無線LANより有線LANのほうが適していると考えられます。

　冒頭で述べたように、有線LANを利用するには、デバイスにケーブルを接続するLANポートが必要です。しかし、LANポートがついていないノートPCやタブレットであっても、USBポートなどに接続する外づけの**LANアダプター**などを利用することで、有線LANを使えるようになるケースがよくあります。

　ちなみに、デスクトップPCの多くはLANポートがついていますが、こちらは無線LAN機能を内蔵していないことがあります。その場合も同様に、外づけの無線LAN子機をUSBの差し込み口（**USBポート**）などに接続することで、無線LANを使えるようになります。機種によっては、購入時にオプションで組み込めることもあります。

ネットワークにつないでみよう　　　　　SIMカード　公衆無線LAN

5 スマホをネットに つないでみよう

　身の周りにあるネットワークのざっくりとした構成がわかったところで、実際にネットワークに接続するにはどうしたらいいかを考えていきましょう。まず、スマホでモバイルデータ通信を利用する場合について考えてみます。

　スマホでモバイルデータ通信を利用するには、次の2つの方法があります。

- **大手キャリア**と契約する
- **格安SIM**(かくやすシム)を契約する

大手キャリアとは、②で紹介した基地局などの設備を自前でもっている会社のことです。日本では、NTTドコモ、KDDI(au)、ソフトバンク、楽天モバイルの4社を指します。格安SIMは、大手キャリアのような通信設備をもたない会社が、大手キャリアから設備を借り受けて通信サービスを提供しています。下の表に、大手キャリアと格安SIMの違いをまとめました。

▼ **大手キャリアと格安SIMの違い**

	大手キャリア	格安SIM
使用機器	キャリアが指定するスマホのほか、SIMフリースマホを使えることもある	SIMフリースマホのほか、設備を貸し出すキャリアで使われていた中古スマホを使えることもある
通信速度や品質	速く安定している	大手キャリアの水準には届かないことが多い
月額料金	やや高め	大手キャリアより安め

大手キャリアと契約する場合、携帯電話ショップや家電量販店の店頭で、そのキャリアが指定する機種のなかからスマホを選んで通信サービスの契約をするかたちが一般的です。一方、格安SIMは原則として通信サービスだけの契約であり、利用者はスマホ本体を別途購入する必要があります。ただし最近では、格安SIMを提供する会社が**SIMフリースマホ**を販売して、通信サービス契約とスマホ購入が同時に行えるケースも増えています。

各社の基地局と通信するためには、その会社が発行する**SIMカード**をスマホに装着しなければなりません。SIMカードとは、モバイルデータ通信を行うために必要な小さなICカードのことです。国際規格で大きさが3種類定められており、いま主流なのは、最も小さな**nanoSIM**(ナノシム)(12.3mm × 8.8mm)とよばれるタイプです。また近年では、SIM情報をダウンロードして物理的なSIMカードの代わりとして使う**eSIM**(イーシム)が、新しいスマホ機種を中心に普及し始めています。

大手キャリアと契約して手に入れたスマホは、すでにSIMカードが装着済みであるため、その存在を意識することなくスマホを使い始められます。

　これに対し、格安SIMを使うときは、家電量販店や格安SIMのオンラインショップなどでSIMフリースマホを購入し、そのスマホに、格安SIMの契約をすると送られてくるSIMカードを自分で装着して初めて、スマホが使えるようになります。

　多くのスマホは、電源を入れてモバイルデータ通信ができる状態になると、画面の上部などに電波の強さを示すバー（アンテナピクト[※9]）や、5Gや4G（②参照）といった通信状況が表示されます。このとき、大手キャリアで手に入れたスマホは、当然、契約した携帯電話会社の電波につながった状態になります。

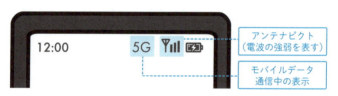

▲ スマホが携帯電話会社の電波につながった状態

　これに対し、格安SIMをSIMフリースマホにセットして電源を入れたときは、その格安SIMの会社が設備を借り受けている携帯電話会社の電波につながります。格安SIMのなかには、つながる携帯電話会社を契約時に選べるものもあります。

※9　**ピクト**とはピクトグラムの略で、意味がわかるよう簡略化された絵のことを指します。

スマホは、無線LAN(Wi-Fi)につなぐこともできます。モバイルデータ通信と違って、Wi-Fiは手動でどれにつなぐか指定することで、初めて使えるようになります。設定画面などからWi-Fiの選択画面に移動し、自分がつなぎたいネットワークの名前を選んでパスワードを入力すると、Wi-Fiが使えるようになります。無線LANのネットワークの名前(**SSID**(エスエスアイディー)[※10])などについては、㉘でくわしく説明します。

　Wi-Fiにつながると、下の図のように、Wi-Fi接続中を示すアイコンが表示されます。

▲ スマホがWi-Fiの電波につながった状態

　モバイルデータ通信中にWi-Fiにつなぐ操作をすると、Wi-Fiが優先的に使われます。そのため、Wi-Fiにつながっているあいだは、携帯電話会社と契約した回線プランのデータ容量、いわゆる「ギガ」が減らずに済みます。

　なお、公共施設や店舗などには、来訪者の誰もが利用できるWi-Fiが設けられていることがあります。これを**公衆無線LAN**とよび、無料のもの、メールアドレスなどの登録が必要なもの、有料のものなどがあります。そのようなエリアは、**フリーWi-Fiスポット**や、単に**Wi-Fiスポット**などとよばれます。

※10　SSIDは、アクセスポイント(親機、③ 参照)を識別する名前のことです。

ネットワークにつないでみよう | SSID | 暗号化キー

6 PCを無線LANにつないでみよう

　PCもスマホと同様に、無線LAN(Wi-Fi)でネットにつなぐことができます。考えかたや手順は、スマホの場合とほとんど変わりありません。つまり、設定画面などからの接続画面に移動し、接続できるWi-Fiの一覧が表示されたら、自分がつなぎたいネットワークの名前(SSID、㉘参照)を選びます。するとパスワードを求められるので入力して、正しければPCが電波でネットワークにつながります。

※11　Operating Systemの略。スマホやPCなどの基本機能を司るソフトウェアで、人間の操作への応答やアプリ動作の補助もします。PCならWindowsやmacOS、スマホならAndroidやiOSが有名です。

具体的な手順はOS[※11]の種類やそのバージョンにより違うので、自分が使っているPCの説明書を参照してください。

つなぎたいネットワークのSSIDを選択するとパスワード（正確には**暗号化キー**[※12]）の入力を求められます。これには、無線ならではの理由があります。有線LANであれば、他人のネットワークに自分のデバイスをつなぐには、その設備がある建物内に立ち入る必要があります。通常は見ず知らずの人が立ち入らないよう施錠などをするので、勝手に立ち入って他人のネットワークにつなぐことは難しいでしょう。

これに対し、無線LANでネットワークにつなぐ際に利用する電波は、建物の施錠と無関係に、家の壁や扉を通過して外まで漏れ出ていく可能性があります。もしパスワードがなかったら、近所を歩く人など、その電波を受信した人は誰でもネットワークに接続できてしまいます。そんな困ったことにならないよう、パスワードを求めているのです。

多くの無線LAN親機では、あらかじめ設定されているSSIDと暗号化キーが、本体の側面や裏面に書いてあります（下図）。もしわからなくなったときには、それを見て確認できます。

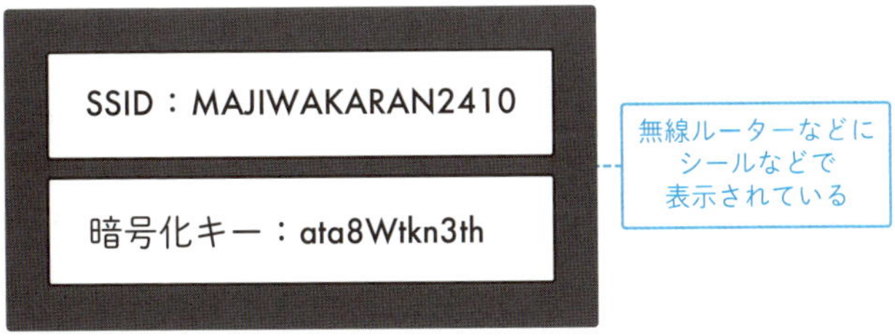

SSID：MAJIWAKARAN2410

暗号化キー：ata8Wtkn3th

無線ルーターなどにシールなどで表示されている

▲ 無線LAN親機などにおけるSSIDなどの記載例

※12 暗号化キーについては、くわしくは㉙を参照してください。

ネットワークにつないでみよう　　　　　　LANケーブル　LANポート

7 PCを有線LANに
つないでみよう

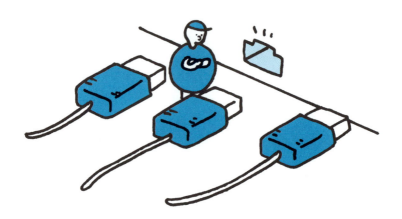

続いて、PCを有線LANでネットにつなぐ手順を見てみましょう。無線でつなぐ場合と違って、OSの違いやバージョンの違いによる差はありません。PCとネットワーク機器を**LANケーブル**で物理的につなげばOKです。

　市販のLANケーブルはさまざまな長さがあり、規格にもいくつかの種類があります。くわしくは、コラム3で説明します。

　まずは、PCにLANケーブルをつないでみましょう。有線LANをつなぐ差し込み口（**LANポート**）は、次ページの図のような形をしています。ノートPCでは本体の左右または後ろに、デスクトップPCでは本体の背面についていることが多いでしょう。

▲ LANポート

▲ カチッと音がするまで差し込む

　LANケーブルのもう一方は、ネットワーク機器(下図の場合、ルーター)につなぎます。こうすることで、「デバイス」—「ルーター」—「ONU」というつながりができあがり、さらにONUから光コンセントを経て、通信事業者のビルへとつながります。

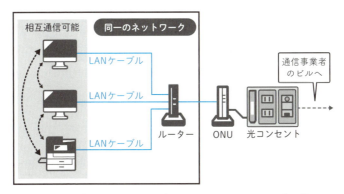
▲ LANケーブルでルーターと複数のデバイスをつなげた様子

　機種にもよりますが、多くの場合、ルーターには複数のデバイスをつなげる機器である**ハブ**が内蔵されており、LANポートが3つから4つ程度ついています。そのおかげで、1つだけでなく複数のデバイスをルーターにつなぐことができるわけです。なお、同じハブにつないだデバイス同士は相互に通信可能です。これは次の項目でもう少し説明します。

ネットワークにつないでみよう　　　　ハブ　ルーター

複数のデバイスをハブでつないでみよう

有線LANでは、**ハブ**とよばれる機器を使って、複数のデバイスを相互につないだり、1つのケーブルを複数に分配したりします。ハブには複数のLANポートがついており、同じハブのLANポートにつないだすべての機器は、ハブを介してお互いにつながりあった状態になります。以下の図のように、ハブに

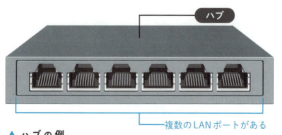

▲ ハブの例

はLANポートが数個から数十個ついています。

　PCやプリンターをハブにつなぐときは、LANケーブルにとりつけられているコネクタを、機器のLANポートにカチっという音がするまで差し込みます。反対側のコネクタも、同様にしてハブのLANポートに差し込みます。手順はこれだけです。

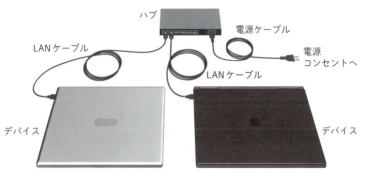

▲ ハブを中継地点として接続している様子

　ハブにつなぐものは、有線LANに対応しているものであれば、PC、プリンター、スキャナーなど、機器の種類は問いません。メーカーや機種が混在していても大丈夫です。

　⑦で少し触れたように、私たちがよく利用する家庭用のWi-Fiルーターのほとんどは、このようなハブを内蔵しています。そのため、Wi-Fiルーターにいくつかの機器をつなぐと、それぞれの機器がWi-Fiルーターにつながるのと同時に、それら機器同士もつながっている状態になります。

　④や⑦の図に登場する「ルーター」は、このような家庭用の機器を想定しています。本項での説明を踏まえるなら、より厳密に「ルーター＋ハブ」と書くべきかもしれません。しかし、ここではひとまず「いくつかの機器をつなぐことのできるルーター」とザックリとらえて問題ありません。ルーターの役割は、次の⑨で軽く触れたのち、⑪でくわしく説明します。

ネットワークにつないでみよう　　　　　　　　　　　無線LAN親機

複数のデバイスを無線LAN親機でつないでみよう

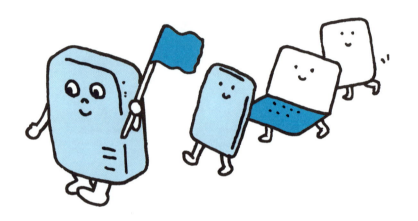

　わたしたちはよく、スマホやPCを「Wi-Fiにつないで」インターネットを使います。このとき重要な役割を果たしている機器が、**無線LAN親機**です。

　⑤や⑥で見たように、デバイスをWi-Fiにつなぐには、まず一覧から接続先を選び、次にパスワードを入力します。そのとき、一覧に表示される接続先の名前を電波で発信しているのも、正しいパスワードかどうかチェックして接続を許可しているのも、実は無線LAN親機なのです。

次ページの図は、家庭や会社内で無線LANを使うときの接続の様子を示しています。有線LANと同じように、「デバイス」―「ルーター」―「ONU」というつながりができ、ONUから光コンセントを経て通信事業者のビルへとつながります。

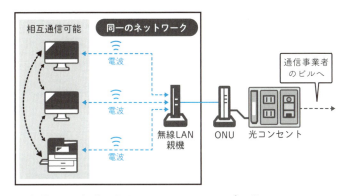

▲ 無線LAN親機と複数のデバイスをつなげた様子

1台の無線LAN親機には、通常、複数のデバイスを接続できます。最大何台まで接続できるか、何台までなら快適に使えるかは機種によって違います。製品カタログなどには、最大接続台数や推奨接続台数などが記載されていることがあります。

無線LAN親機に接続したデバイスは、親機がもっている「通信をインターネットに中継する機能(**ルーティング**：⑪ 参照)」によってインターネットにつながるほか、同じ親機に接続しているほかのデバイスとお互いに通信できる状態になります[※13]。この様子は、有線LANで同じルーターにつないだデバイス同士がお互いに通信できること(⑦ 参照)とよく似ています。

無線LAN親機の役割は、㉚でもう少しくわしく説明します。

※13 デバイス同士の通信の許可／禁止を自由に設定できる機種もあります。また、見ず知らずの人が同じ親機に接続する公衆無線LAN(⑤ 参照)では、デバイス同士の通信ができないよう設定されています。

コラム 2　有線LANの規格

　いくつもの機器をLANケーブルで接続するとき、それらのメーカーや機種が常に同じであるとはかぎりません。それでもちゃんと通信できるのは、メーカーや機種を問わず、どの機器も**イーサネット**という有線LANの標準規格に沿って作られているおかげです。過去には、イーサネット以外の有線LAN規格もありましたが、さまざまな経緯でイーサネットが勝ち残り続け、いまや有線LAN≒イーサネットと考えて差し支えありません。

　イーサネットの規格は、通信速度や使用する媒体などで、さらに細かく分かれています。

▼ イーサネットの規格

規格名	通信速度	媒体	対応機器の多さ
100BASE-TX	100 Mbps	銅線	◎
1000BASE-T	1 Gbps(1,000 Mbps)	銅線	◎
2.5GBASE-T	2.5 Gbps(2,500 Mbps)	銅線	○
5GBASE-T	5 Gbps(5,000 Mbps)	銅線	△
10GBASE-T	10 Gbps(10,000 Mbps)	銅線	△

　「通信速度」の単位**bps**(ビーピーエス)は、「1秒間に0または1を何回送れるか」を意味します。ネットワークやコンピューターのなかでは、文章、写真、音楽などのあらゆる情報が0と1の組み合わせで表されています。そのため、それをどれほど素早く大量に送れるかが通信の速さとなるのです。**1 Mbps**(メガ)は1秒間に100万回、**1 Gbps**(ギガ)は10億回、0または1を送れることを意味します。

　表の「媒体」は、ケーブルの素材を示しています。私たちにとって身近な銅線のほか、長距離向けなどの一部の規格では光ファイバーも使われます。また「対応機器の多さ」に示すとおり、通信速度が速い規格ほど、対応機器は少なくなる傾向にあります。

コラム 3　LANケーブルの種類

　LANケーブルには、銅線を使ったものと、光ファイバーを使ったものの2種類があります。家庭や会社など私たちの身近なところで使われているのは、銅線のLANケーブルです。データセンターなどでは、光ファイバーのLANケーブルも使われます。

　銅線のLANケーブルは、外からは1本に見える線の中に8本の細い電線が通っています。8本の細い電線は2本1組でよられていて、その形状にすることで通信を妨げる雑音の混入を防いでいます。こういった構造のケーブルは、**より対線**（Twisted Pair Cable）とよばれます。

　雑音をより強力に防ぐために、ケーブル内のペア（2本1組の電線）やケーブル全体に、金属の箔や網を巻きつけることがあります。この構造を**シールド**といい、シールドのあるケーブルを **STPケーブル**、ないケーブルを **UTPケーブル**とよびます。

　銅線のLANケーブルは「カテゴリー××」という形式で規格が示される[14]ので、使用機器のイーサネット規格に応じて適切なものを選択します。不適切なLANケーブルを使うと、通信速度が遅くなったり、通信状態が不安定になったりすることがあります。

▼ イーサネットの規格に適合するLANケーブルの規格

イーサネットの規格	適合するLANケーブルの規格
100BASE-TX	カテゴリー5以上
1000BASE-T	カテゴリー5e以上
2.5GBASE-T	カテゴリー5e以上
5GBASE-T	カテゴリー6以上
10GBASE-T	カテゴリー6A以上

※14　「Category xx」「Cat.xx」などの英語表記も使われます。商品説明のほか、LANケーブル自体に印字されている場合もあります。

読書案内 1　**この本の次に読む
　　　　　ネットワーク本の選びかた**

　この本を読んで「ネットワークって面白そう」と感じられたら、次はぜひ、ネットワークの技術にもっと踏み込んで解説している入門書を手にしてみてください。そこには「へえ、ネットワークってよくできているなあ」と思えることがたくさん書かれているはずです。

　そのときは、いきなり難しい本を読むのではなく、**やさしい本から難しい本へと段階的に読んでいく**ことをおすすめします。ネットワークはいくつもの階層が連携して複雑な動作をしているので、その様子すべてを一気に把握しようとすると心が折れてしまいがちです。そうならないよう、まず、やさしい本でネットワークの構成や動作をザックリ理解し、次第に難しい本へと進んで、細かい部分の動作まで理解を広げていく、そんな学びかたが多くの人にとって近道になると思います。

　また、ネットワークと切っても切れない関係にあるのが**セキュリティ**です。ネットワークについて学ぶなら、まずは軽くでかまいませんので、セキュリティに関する本やウェブサイトにも目を通して、その考えかたに触れてみてください。クルマを安全に走らせるのにブレーキやエアバッグの技術が欠かせないように、ネットワークを安全に利用するにはセキュリティの技術が欠かせない、そう覚えておきましょう。

　では、 読書案内 2 で、ネットワークへの理解を深めるのにおすすめの書籍をいくつか紹介します。

Chapter 2

インターネットの しくみを知ろう

ここでは、本書で説明する「ネットワーク」の接続先であり、私たちが日常的に使っている**インターネット**について説明します。代表例として、光回線の説明も行います。

インターネットの正体

インターネット

10 インターネットってなんだろう？

単に「ネット」とよばれるものは、多くの場合、**インターネット**を指すと ① で触れました。このインターネットとはいったいどんなものなのか、ここで掘り下げてみましょう。

大雑把にいうと、インターネットは**世界中のコンピューターがつながっているネットワーク**のことです。**コンピューター**とは、一般に、データの処理などをプログラムによって自動的に行う装置のことで、私たちがふだん使っているスマホやPCのほか、さまざまな機能やサービスを提供する**サーバー**※15や、家電などの制御を行う**マイコン**（**マイクロコントローラー**）などが含まれます。

インターネットを介してつながっているコンピューター同士は、お互いにデータをやりとりできます。そのやりとりは特定の相手にかぎらず、インターネットを利用している世界中のコンピューターとのあいだで可能[※16]なのですから、これはスゴいことです。

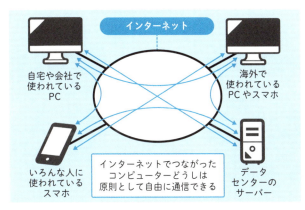

▲ インターネットでコンピューターがつながっている様子

では、世界中のコンピューターとやりとりができる「スゴいしくみ」であるインターネットは、どのように実現されているのでしょうか？

インターネットは、**無数のネットワークがつながりあったもの**といわれています。そこではじめに、それぞれがつながりあう前の「最もシンプルなネットワーク」を見てみることにしましょう。

※15 サーバーとは、サービスを提供するコンピューターのこと。たとえば自分のスマホでウェブサイトにアクセスすると、インターネットを経由してそのウェブサイトを格納するサーバーに「見せて」と依頼がいき、依頼された情報をサーバーが送り返すことで、スマホにウェブサイトが表示されます。このあたりのしくみは㉑を参照してください。
※16 実際のネットワークでは、見ず知らずの人が勝手につないだりすることのないよう、やりとりに一定の制限を設けるのが一般的です。

インターネットの正体

ルーター / ルーティング

11 ルーターでネットワーク同士を接続する

最もシンプルなネットワークは、**コンピューターや機器が1つのハブでつながる**ことで作られます。また、2つのハブをLANケーブルでつなぐと、その2つのハブは両方で1つのハブとみなせる[※17]ので、これも同様に最もシンプルなネットワークととらえられます。

次ページの図のネットワークAとネットワークBは、どちらも「1つのネットワーク」です。同じネットワーク内の機器同士は相互にやりとりできますが、ネットワークAとネットワークBはつながっていないので、別のネットワークの機器とはやりとり

※17　同様にして3つ以上のハブをつないだ場合もこの考えかたは適用されます。

できません。

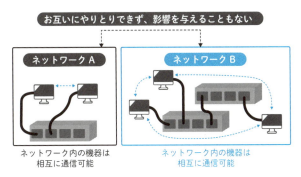

▲ 最もシンプルな「1つのネットワーク」の例

「1つのネットワーク」に参加している機器たちは、いわば一心同体の関係にあります。お互いにいつでも素早く大量のデータをやりとりできますが、たとえば1つの機器が故障して膨大なデータを誤送信してしまったりすると、ほかの機器はその悪影響を受けてしまいます。それに対して、当然ではありますが、つながっていないネットワークはその影響を受けません。

こういったつながりは、「いつも連絡を取り合っている親しい友人グループ」に例えられるかもしれません。グループのメンバー同士はお互いに以心伝心で、しょっちゅうやりとりしていて、誰かに幸運なことがあればみんな喜び、誰かが落ち込むとみんな落ち込む。良くも悪くも影響を与え合うような、そんな間柄に似ています。また、グループ内でメンバー同士の衝突が起きても、それはほかの友人グループには影響を与えない点も似ています。

では、これらのネットワーク同士を相互につなげたい場合は、どうしたらよいのでしょうか？ こういうときに役立つのが、⑧や⑨で軽く触れた**ルーター**です。

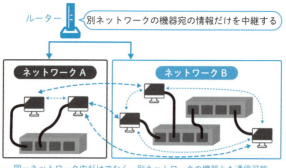

▲ ルーターでネットワーク同士をつなげる

　ルーターとは、**ネットワーク同士をつなげて、必要に応じて情報を転送する機器**のことです。ルーターでつながったネットワーク同士は、ハブでつながった機器同士のような緊密な関係ではなく、**必要な情報だけ**をゆるく転送します。このように「ネットワークとネットワークを接続して必要な情報だけ中継すること」を、**ルーティング**といいます。

　さきほどの友人グループに例えると、いくつかの友人グループと仲よくしていて、他グループに話を取り次いでくれる人は、ルーターと少し似ているかもしれません。

　このようなルーターの役割を踏まえたうえで、有線LANを利用するケースでの、ルーター周辺の機器をあらためて見てみましょう（次ページの図）。

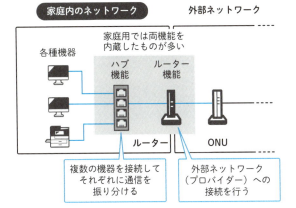

▲ 有線LANを利用して外部のネットワークにつなげる

　この図で注目してほしいのは、以前の図では、単にルーターとだけ表記していた機器です。実は、**家庭で使われるルーターの多くは、そのなかにハブ機能を内蔵**しています。1つの機器に見えますが、ルーター機能が「ネットワークを外部のネットワークとつなぐ」はたらきを、ハブ機能が「同一ネットワーク内で各種機器をつなぐ」はたらきをしてくれる、一石二鳥の便利な機器なのです。

　このように考えていくと、混同してしまいがちなハブとルーターが、それぞれ違う役割を担っていて、両方を組み合わせることでネットワークが作られていることもすんなり理解できるのではないでしょうか。

　なお、会社のオフィスに代表されるような、多くの機器をネットワークに接続するケースでは、接続ポートをたくさん備えた独立のハブを用意するのが一般的です。もし仕事でネットワークを扱うのであれば、ルーターとハブの役割分担をしっかりイメージできるようにするとともに、それぞれの機器を見分けられるようになることも大切です。

インターネットの正体 / インターネットワーキング

12 ルーターでつながる インターネットワーキング

インターネットは、世界中に数え切れないほどあるネットワーク同士をルーターでつなぐことで成り立っています。その様子を順に説明しましょう。

まず、私たちに最も近いのが「自宅のネットワーク」です。そこでは各種機器がハブを介してつながっています。無線LANの場合は接続機器としてのハブは使いませんが、同じ親機に電波でつながっているPCやスマホは、同じハブにつながっているのと等しい状態になります。

それらのハブ(またはそれに相当する機能)でつながったいくつもの機器は、ルーターを通して「外部のネットワーク」とやりとりします。これは前項で説明したとおりです。

　それでは「外部のネットワーク」とは具体的になにを指すのでしょうか？　これは、インターネットへの接続サービスを提供する**プロバイダー**(コラム1や⑬参照)がインターネットへの入口として用意しているネットワークや、回線事業者が情報をやりとりする通路として用意しているネットワークなどを指します。

　この「外部のネットワーク」と「自宅のネットワーク」とのあいだでルーターが情報を転送することで、私たちのスマホやPCはインターネットにつながることができます。

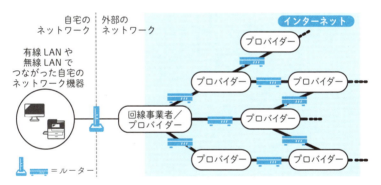

▲ プロバイダーを介して外部のネットワークとつながっている

　そう聞くと、次は、プロバイダーのネットワークがどのようにしてインターネットにつながっているか気になってくるものです。その答えは、「プロバイダー同士がルーターによってつながりあっている」です。実は、このプロバイダー同士のつながりこそが、インターネットとよばれているものなのです。

　ちなみに、ネットワーク同士をルーターでつなぐことを、**インターネットワーキング**とよびます。インターネットという名前は、この言葉に由来しています。

インターネットの正体　プロバイダー

13 世界中に広がるプロバイダー同士のつながりあい

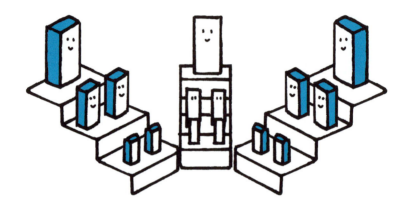

　くさんのプロバイダーが相互につながってインターネットが作られていることはわかりましたが、そのつながりかたはどうなっているのでしょうか。たとえば100のプロバイダーがあったとき、各プロバイダーは、ほかの99のプロバイダーすべてとつながっているのでしょうか？

　最も単純なつながりかたは、自分以外のすべてのプロバイダーとのあいだにつながりを作ることです。しかし、参加するプロバイダーの数が少ないときはそれでよくても、数が増えてくると大変なことになります。

　たとえば、3つのプロバイダーがつながりあうには3本のつながりがあれば済みますが、プロバイダーの数が6になれば15本

のつながりが、プロバイダーの数が100になれば4,950本ものつながりが求められます。これはあまり現実的ではありません。

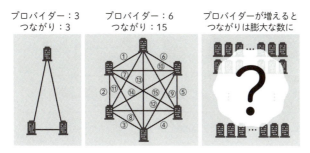

▲ プロバイダーの数と必要なつながりの数

このようにならずにお互いがつながりあう方法の1つが、**プロバイダー同士を階層的につなぐやりかた**です。見かたを変えると、それぞれが役割分担をしてお互いにつながりあう、ともいえます。

具体的には、少数の大規模なプロバイダー同士がお互いにつながりをもち、中規模や小規模なプロバイダーは、その大規模なプロバイダーにつながることでお互いのつながりあいを手に入れる、というかたちです。

次ページの図は、そのイメージを表しています。この図から、各プロバイダーは、仮にお互いが個別のつながりをもっていなくても、上位プロバイダーのつながりを経由して、ほかのプロバイダーとつながりあえることが読み取れるでしょう。

なお、実際のネットワークでは、階層的なつながりのほかに、プロバイダー同士の個別のつながりも併用します。そうすることで、やりとりが多いプロバイダー同士や、近い関係にあるプロバイダー同士は、上位のプロバイダーを経由せずに直接通信できるようになります。つまり、無駄を減らしつつ個別事情にも対応するように作られている訳です。

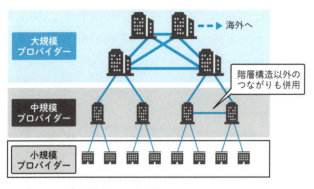

▲ プロバイダー同士のつながり

　また、わかりやすさを優先した上の図では、各プロバイダーが1つの上位プロバイダーとつながっているように書かれています。しかし実際には、接続先プロバイダーでの故障が原因で通信が途切れてしまわないよう、2つ以上のプロバイダーとつながりをもつことがほとんどです。

　ちなみに、この階層的なつながりかたは、海外とつながる場面にも応用されます。一部の大規模なプロバイダーが海外のプロバイダーとつながりをもち、自身で海外とのつながりをもたない各プロバイダーは、そことつながることで海外とのつながりを手に入れます。そうすることで、海外ともつながりあえるわけです。

ネットサービスの構造

回線事業者 / 光回線

14 インターネットを使うために契約する会社は？

2 インターネットのしくみを知ろう

インターネットにつながるまでの様子について、もう少し掘り下げてみましょう。⑫で説明したとおり、インターネットの接続サービスを提供しているプロバイダー同士は、そのネットワークをつなぎあって相互に情報をやりとりできるようにしています。そのつながりあいは、国内だけでなく世界にも広がり、より効率よくつながりあえるよう、さまざまな工夫がこらされています。

しかし、プロバイダーだけでは私たちユーザーがインターネットを使えるようにはなりません。③や④の図を思い出してほしいのですが、LANの外にも線がつながっていました。この「線」を提供しているのが**回線事業者**です。

回線事業者は、プロバイダー同士がつながって作りだした「ネットワークとネットワークのつながり」を、ユーザーが利用する場所まで延長してくれます。具体的には、**光回線**などのケーブルや、それらとプロバイダーの間をつなぐネットワークなどを提供しています。

　回線事業者は全国にたくさんの**局舎**(通信設備を収めた建物)をもっていて、そこから近隣の住宅などに、電柱を介して回線を引いています。この回線を、**足回り回線**(アクセス回線)といいます。

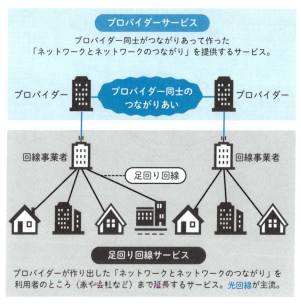

▲ プロバイダーサービスと足回り回線サービス

　足回り回線を提供するには、電柱の上にケーブルを渡したり、地中へケーブルを通したりする必要があり、それを行える会社はかぎられます。国内で足回り回線を提供しているのは、NTTやKDDIなどの通信事業者が中心で、一部地域では、電力会社なども手がけています。

プロバイダーサービスと足回り回線サービスが組み合わさることで、私たちはさまざまな場所でインターネットを利用できています。光回線を使ったインターネットが始まった当初は、これらの2つのサービスをそれぞれ別に契約する必要がありましたが、近年では、両方をセットにして提供するケースが増えてきました。

　たとえば、プロバイダーが足回り回線サービスを他社から仕入れてセットにし、その全体を自社の光インターネットサービスとして提供するのが代表的なケースです。

　このほか、自身ではプロバイダーサービスも足回り回線サービスも提供していない会社が、その両方を他社から仕入れてセットにし、それを自社の光インターネットサービスとして提供するケースもあります。

　このようなかたちでNTTの光回線を仕入れてセット提供するサービスは、**光コラボ**とよばれます。

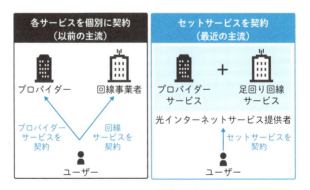

▲ インターネットサービスの契約の変化

光回線のしくみ　　　　　　　　　　　　　　　光ファイバー　光ケーブル

光インターネットの
ケーブルを見てみよう

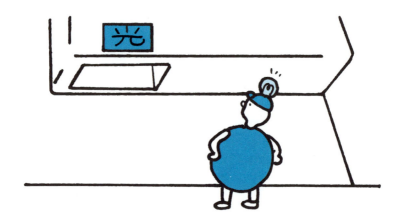

宅で光回線のインターネットを使うとき、私たちの目に見えるのは、自宅に置かれた機器やコンセントだけです。しかし、コラム2などで図示したように、私たちがあまり気にかけないだけで、自宅から先にもケーブルなどがつながっています。そのケーブルは、どんなモノなのでしょうか？

光回線では、通信のための線として、特殊なガラスを髪の毛のように細くした**光ファイバー**が使われます。光回線が普及する前は、長い銅線に電流を流すことで通信していましたが、光回線では、長い光ファイバーにレーザー光（**光信号**）を通すことで通信を行います。

この光ファイバーで作られた線をある程度の本数でひとまとめにしたものを**光ケーブル**とよび、光回線ではその光ケーブルが自宅のすぐそばまでつながっています。

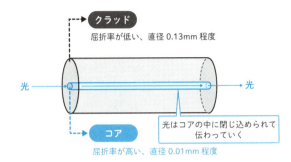

▲ 光ファイバーの構造の例

　上の図は、光回線でよく使われるタイプの光ファイバーの構造を示したものです。**コア**とよばれる屈折率の高い部位を、**クラッド**とよばれる屈折率の低い部位が覆っています。光の屈折率が違うため、入ってきた光はコアに閉じ込められて進んでいきます。コアは直径0.01mm程度しかなく、日本人の平均的な髪の太さ(0.07mm程度)よりも、さらに細いことがわかります。

　コアとクラッドの素材には**石英ガラス**などが使われます。石英ガラスは、石英や水晶から作られる透明度の高いガラスで、光ファイバー用の純度の高いものは化学的な手法により製造します。また、クラッドの周りには保護用の被覆(カバー)を巻き付けて、とても繊細なコアとクラッドを破損から守ります。

　次は、この光ケーブルがどのようにして回線事業者から家まで届いているのかを見ていきましょう。

光回線のしくみ　　　　　　　　　　　　光クロージャ　ドロップケーブル

16 光ケーブルが家に届くまで

光回線が回線事業者から家までどのようにつながっているかは、回線事業者によって少しずつ違います。ここでは代表例として、NTTが提供する「フレッツ光」の構成をとりあげます。さまざまな企業がNTTの光回線を仕入れて提供している光コラボ（⑭参照）の場合も、基本的に、ここでの説明と同じ構成になっています。

次ページの図は、回線事業者から私たちの家まで光ケーブルが届く様子を示したものです。光ケーブルは、電柱から電柱へと渡されて私たちの家の近くまで引かれています[18]。

---

[18] 市街地では、電柱を使わず、地中に埋められた管の中を通すこともあります。

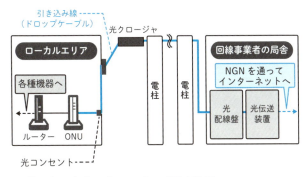

▲ 私たちの家まで光ケーブルが届く様子

　電柱の光ケーブルは、電柱付近に取りつけられた黒やグレーの箱（**光クロージャ**）につながっています。そして、そこから引き込み線（**ドロップケーブル**）を通って建物に引き込まれ、建物内の配線や**光コンセント**を経て、最終的にONU（⑰参照）につながります。光コンセントとは、壁などに取りつけられた光回線の差し込み口です。室内の状況により設けないこともあります。

　光ケーブルの反対側は、電話局などのNTTの局舎に続いています。そこには、電柱からの光ケーブルと局舎内の装置を接続する機器（**光配線盤**）や、私たちの家に設置されたONUの相手方となってやりとりする装置（**光伝送装置**）が置かれています。そして、その先にNTT内部のネットワークであるNGNがつながり、プロバイダーを経てインターネットへとつながります。

　さて、私たちの家に引かれた1本の光回線は、そのまま局舎の機器につながっているのでしょうか。いいえ、必ずしもそうではありません。たとえば、個人や小規模なビジネス向けの代表的な光回線インターネットサービス「フレッツ光ネクスト」では、最大で32回線分の光ファイバーがとりまとめられて、局舎内の1台の装置につながっています（次ページの図参照）。

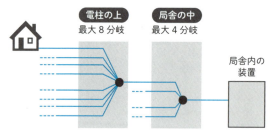

1台の装置につながる回線は最大で32分岐（4分岐×8分岐）する

▲ **回線の分岐**

　上の図のように、局舎内に置かれた装置からの回線は最大4本の光ケーブルに分岐し、その分岐した光ケーブルが電柱の上でさらに8本の光ケーブルに分岐できるよう作られています。

　しかし、32本の回線を引くのではなく、途中で分岐・合流するかたちで32カ所と光回線をつなぐしくみになっているのはなぜでしょうか？　それにはちゃんと理由があります。

　道路を例に考えてみましょう。次ページの図を見てください。

　ある地点からある地点までいくつかの道路を作りたいとき、それぞれの道路を最後まで個別に延ばすケースと、それらを途中で合流させるケースとでは、後者の合流させるケースのほうが、より早くより安く道路を作ることができるはずです。道路は少し混雑するかもしれませんが、より早くより安く道路を提供することが重視されるのであれば、それもまた合理的な選択です。

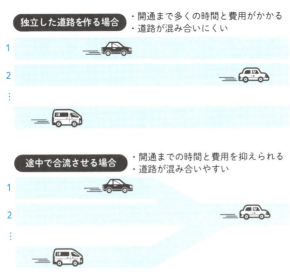

▲ 道路を最後まで個別に延ばすケースと途中で合流させるケース

　光回線にも、これと似た事情があります。一般向けの光回線サービスが世の中にまだ存在していなかったとき、新たに日本全国へ光回線を張り巡らせるにあたっては、その工事をいかに早く進め、いかに提供コストを抑えるかが最重要課題でした。そのような事情から、この合流・分岐のある構成が採用されたと考えると納得がいきます。

　なお「とにかく混み合わないことが大切」と考える人のために、利用者の機器と局舎内の装置を1対1に対応させる代わりに、料金が高く設定されているビジネス向けのサービスメニューも用意されています。

光回線のしくみ　　　　　　　　　　　　　　　ONU / OLT

光信号を電気信号に変える装置

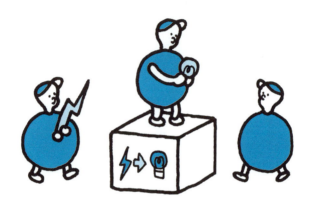

　光回線のインターネットでは、電気信号の代わりに光信号を使って通信しています（⑮参照）。一方で、私たちが使っているスマホやPCはどうでしょう。いうまでもなく、その内部では**電気信号**を使ってさまざまな処理をしています。

　光信号は、そのままでは電気信号で動いている機器には伝わりません。英語がわからない人に英語で話しかけても伝わらないのと同じように、光信号を電気信号へ、あるいは逆に電気信号を光信号へと、情報を伝える方法を変換する必要があります。この翻訳機のような役割を果たす機器が、**ONU（光回線終端装置）**です。

▲ ONUは光信号と電気信号を変換する

　ONUには、電柱から伸びる光回線(光ファイバー)と、ルーターなどにつなぐLANケーブル(銅線)をつなぎます。ONUは光信号と電気信号の境界に置かれ、それぞれを変換する役割を果たすのです。サービスによっては独立したONUが設置されないことがありますが、その場合は、ルーターやホームゲートウェイ(③参照)などにONUの機能が内蔵されています。

　また、ONUは「束ねられた回線同士の交通整理を手助けする」役割ももっています。⑯で説明したように光ケーブルは局舎にたどりつくまでにひとまとめにされることがあります。その際には、別々のケーブルを通ってきた光信号が混ざらないようにしないといけません。ONUは、光回線を通して向かい合うようなかたちで局舎などに設置される **OLT**(オーエルティー)(ONUと同じく光回線終端装置)と協力しあって、光信号が混ざらないよう信号を送るタイミングを調整します。これもまた、ONUの重要な役割の1つです。

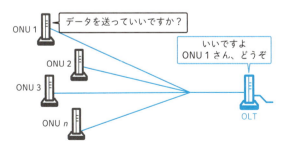

▲ ONUは束ねられた回線同士の交通整理を手助けする

ネットワークの住所 / グローバルIPアドレス / プライベートIPアドレス

18 IPアドレスってなんだろう?

　インターネットを利用していると、**IPアドレス**という言葉を目にすることがあります。IPアドレスは、ネットワーク内におけるネットワーク機器の住所のようなものです。

　ネットワークを使ってほかの機器とやりとりするとき、そのネットワークにつながっているたくさんの機器のなかから、「どこに送るのか」を指定する必要があります。その指定に使われるのが、ほかのものと重ならない[19]識別番号であるIPアドレスです。

---

[19] ほかのものと重ならない、つまり唯一であるということを、**一意**、あるいは**ユニーク**といいます。

IPアドレスには、いくつか種類があります。よく耳にするのは、**グローバルIPアドレス**と**プライベートIPアドレス**でしょう。グローバルIPアドレスはインターネットにつながるルーターなどに割り振られるIPアドレスで、インターネットと通信するためには不可欠なものです。また、プライベートIPアドレスは家庭や会社などのローカルなネットワーク内でのみ使われるIPアドレスです。

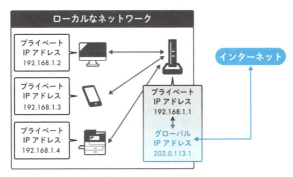

▲ プライベートIPアドレスとグローバルIPアドレス

ローカルなネットワークにある機器同士、たとえばPCとプリンターは、プライベートIPアドレスでお互いを指定すれば問題なく通信できます。その一方で、同じPCがインターネットのサーバーと通信しようとすると、PCはプライベートIPアドレスしかもっていないので、そのままではサーバーと通信できません。

そこで、インターネットに通信を中継するルーターが、通信に含まれているPCのプライベートIPアドレスをルーターのグローバルIPアドレスに差し替える(=ルーターが通信しているかのように見せる)ことで、インターネットのサーバーとの通信を可能にします[20]。

プライベートIPアドレスはローカルなネットワーク内で一意であればよく、関わりのない別のローカルなネットワークに同じプライベートIPアドレスをもつ機器があっても問題ありません。

これに対し、グローバルIPアドレスは世界中とつながっているインターネットに接続する際に用いられるものなので、それぞれが世界でただ1つである必要があります。その状態を適切に維持するため、**ICANN**(アイキャン)(Internet Corporation for Assigned Names and Numbers)という団体が筆頭となって、世界中で使われるグローバルIPアドレスを一元的に管理しています。

より具体的には、ICANNが地球上の各地域(アジア太平洋、北米、南米、欧州、アフリカ)を代表する管理団体に対しそれぞれで利用可能なIPアドレスを割り当て、日本を含む一部では国別の管理団体を経て、最終的に利用者へと割り当てられることで、世界でただ1つの状態が維持されています。

---

[20] このようなしくみは **NAT**(Network Address Translation) や **NAPT**(Network Address Port Translation) と呼ばれます。

ネットワークの住所　　動的IPアドレス　固定IPアドレス

19 IPアドレスって変わることがあるの？

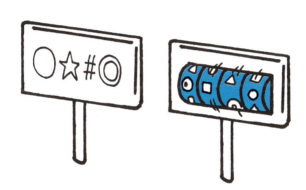

グローバル／プライベートIPアドレス以外でよく耳にするIPアドレスの種類として、**動的IPアドレス**と**固定IPアドレス**[※21]が挙げられます。

動的IPアドレスは、機器に割り当てられるIPアドレスが所定のタイミングで自動的に変わるものを指し、固定IPアドレスは、常に固定されたIPアドレスが使われるものを指します。この2つは、IPアドレスの割り当てかたの違いを示すもので、グローバルIPアドレスとプライベートIPアドレスのそれぞれで、動的IPアドレスと固定IPアドレスが使われます。

※21　動的IPアドレスは**可変IPアドレス**とも呼ばれます。また固定IPアドレスは**静的IPアドレス**や**不変IPアドレス**とも呼ばれます。

ここで、ルーターに割り当てられるグローバルIPアドレスを例に、動的IPアドレスと固定IPアドレスの違いを見てみましょう。インターネットへの接続サービスを提供するプロバイダーは、利用してよいグローバルIPアドレスを管理団体からたくさん預かっています。そのなかから、使用中でないグローバルIPアドレスを利用者のルーターに割り当てます。

　通常、この割り当ては固定的なものではなく、一定時間が経過したときやルーターを再起動したタイミングなどで別のアドレスに変わります。これは動的IPアドレスの一例です。

▲ 動的IPアドレスの例

　これに対して、プロバイダーにもよりますが、有料のオプションサービスを利用すると、再起動などをしても常に同じIPアドレスが割り当てられる場合があります。これは固定IPアドレスの一例といえます。

　ところで「IPアドレスがばれると個人情報が知られてしまうのでは？」という質問を見かけることがあります。結論からいうと、IPアドレスだけから住所、氏名、電話番号などの個人情報が知られることはありません。

IPアドレスからわかるのは、**使用しているプロバイダーと、おおまかな地域だけ**です。また、動的IPアドレスであれば時間が経つと割り当て直しが行われるため、違う日時で同一のIPアドレスがあったとしても、そのIPアドレスを使用している人が同一人物であるとはかぎりません。

　ただし、IPアドレスを割り当てているプロバイダーは、いつ、どの会員に、どのIPアドレスを割り当てたかの記録を一定期間保存しており、会員の個人情報と照合することで、そのとき誰がどのIPアドレスを使っていたか特定できる立場にあります。そのため、インターネット上でトラブルが発生した場合、発信者情報開示請求が認められて裁判所から開示命令が出されると、プロバイダーはIPアドレスの利用者が誰であるか開示を行います。

　しかし、単なる問い合わせに対してプロバイダーが個人情報を開示することはありません。そのため、普通にインターネットを利用しているかぎり、IPアドレスから個人を特定されることはないといえるでしょう。

ネットワークの住所　　　　　　　　　　　　　　　　　ネットワーク部　ホスト部

IPアドレスの中身を見てみよう

こで、IPアドレスの構造を見てみましょう。IPアドレスは、下の図のように、0から255までの数値をピリオド(.)で区切って4つ並べたかたち[※22]をしています。

▲ IPアドレスのかたち

こうして作られる1つのIPアドレスには、役割の異なる2つの

※22　正確にいうと、IPv4という種類に分類されるIPアドレスがこのかたちをしています。IPv4についてはコラム5を参照してください。

パートが含まれています。1つは**ネットワーク部**でIPアドレスの左側部分がこれにあたり、もう1つが**ホスト部**で右側部分がこれにあたります。

ネットワーク部	ホスト部
所属するネットワークを表す	ネットワーク内での識別番号を表す

192 . 168 . 1 . 2

※ネットワーク部とホスト部の境目は常に決まっているわけではなく、ネットマスクとよばれる値で示される

▲ ネットワーク部とホスト部

ネットワーク部は、そのIPアドレスを用いる機器が所属するネットワークを表し、ホスト部は、そのネットワーク内での識別番号を表しています。

これを住所にあてはめると、ネットワーク部は都道府県や市区町村のようなもので、ホスト部は番地や号のようなもの、といえるかもしれません。都道府県や市区町村などの大きなくくりがあることで、その住所がおおよそどのあたりを指しているかすぐにわかりますし、郵便や宅配便の輸送ではどちら方面のトラックに載せるべきか一目で判断できます。ネットワーク部の役割もこれと少し似ています。なお、ネットワーク部とホスト部の境目がどこなのかは、**ネットマスク**とよばれる値で示されます。

ちなみにIPアドレスと同じ形式で、あるネットワーク自体を指し示したいときは、ネットワーク部はそのままでホスト部をすべてゼロにします。これを**ネットワークアドレス**とよびます。

ネットワークアドレス IPアドレスと同形式でネットワーク自体を指し示す

192 . 168 . 1 . 0

↑ネットワーク部はそのまま　↑ホスト部はすべてゼロ

▲ ネットワークアドレス

コラム 4　2進数

IPアドレスは0.0.0.0〜255.255.255.255の値をとります。これを見て「255だなんて中途半端な数だな」と思った人もいるのではないでしょうか？

私たちには中途半端に思える値が使われるのは、コンピューターが**2進数**で数値を取り扱っていて、IPアドレスもそのルールに従っているからです。ここで2進数について確認しておきましょう。

2進数とは、数の書き表しかたのルールの1つです。私たちが普段使っているのは10進数で、「0から9まで数えたら次は0に戻り、上の位が+1される」というルールで数を数えます。使う数字は0から9です。これに対し、2進数では「0から1まで数えたら次は0に戻り、上の位が+1される」というルールで数を数えます。使う数字は0と1のみです。

▲ 2進数と10進数

たとえば「♥♥♥」というハートの数を10進数で表すと3になり、2進数で表すと11になります。

IPアドレスの数値で最も大きな255を2進数にしてみると、11111111となります。これは8桁の2進数で最大の値です。ここで「なるほど！」と気づいた方もいるでしょう。そう、IPアドレス内の0〜255の数値は、コンピューターのなかでは00000000〜11111111の8桁の2進数で表されているのです。そのため、10進数で書くと最も大きな値が255になるわけです。

コラム 5　IPv4とIPv6

　この本で例示するIPアドレスは、すべて**IPv4**(アイピーブイフォー)の表記を使用しています。IPv4は、IPとよばれるプロトコル（38 参照）のバージョン4という意味です。インターネットが生まれたときから、これが長く使われてきました。

　コラム4で紹介したように、IPv4のIPアドレスに現れる各数値は、コンピューターのなかで2進数の8桁で表されます。IPアドレスにはそのような数値が4つ含まれるので、1つのIPアドレスにつき2進数の32桁が使われることになります。

　コンピューターのなかでは、さまざまな情報を「0」または「1」で表すことをコラム2で触れました。その際に「0」または「1」で構成される1桁のことを**1ビット**とよびます。IPv4のIPアドレスは2進数の32桁が使われるので32ビットです。

　この32ビットで表現できるIPアドレスは約43億通りあります。これは大きな数のように思えますが、世界人口が約80億人であることを考えると、1人に対して1つのグローバルIPアドレスさえ割り振れない数です。そのため、情報化がどんどん進めば、いずれIPアドレスが足りなくなると危惧されていました。これを**IPアドレス枯渇問題**といいます。

　それを解決するものとして提案されたのが**IPv6**(アイピーブイシックス)です。IPv6ではIPアドレスを128ビットで表していて、その組み合わせは約340澗(かん)通りあります。澗は10の36乗ですから、実に膨大な数のユニークなIPアドレスを利用できるよう設計されています。ほかにもさまざまな点でIPv4から進化していることから、現在はIPv4とIPv6を併用しながら、徐々にIPv6への移行が進んでいます。IPv6はIPv4より複雑なので本書では取り上げませんが、興味がある人は調べてみるとよいでしょう。

インターネットのやりとり　　　　　　　　　サーバー／クライアント

21 ウェブサイトが閲覧できるしくみ

　ここまで説明してきたように、インターネットは無数のネットワークがつながりあってできています。そして、私たちは自分のデバイスからインターネットにアクセスすることで、さまざまなサービスを利用しています。たとえばウェブサイトを見るときであれば、具体的には以下のようなやりとりを行っています。

1. 自分のコンピューターから、閲覧したいウェブサイトを格納するコンピューターに「○○を見せて」という要望を送る
2. 閲覧したいウェブサイトを格納するコンピューターが、自分のコンピューターに要望された情報を送り返す

同様のやりとりは、ウェブサイトにかぎらず、SNSや動画視聴でも行われます。私たちが使うデバイスと、ネットワークのどこかにあるコンピューターとがこのような通信をして、フォロワーのメッセージを表示したり、見たい動画を再生したりするのです。

　このとき、なにかの要望を送るコンピューターを**クライアント**といい、要望を受け取り、処理して、送り返すコンピューターを**サーバー**といいます。また、クライアントからサーバーに送る要望を**リクエスト**、リクエストに対してサーバーからクライアントに送り返される返答を**レスポンス**といいます。

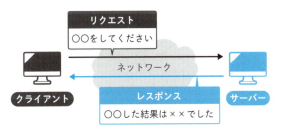

▲ クライアント／サーバーモデル

　このように、クライアントがサーバーに要望を送り、その要望をサーバーが処理して、結果をクライアントに送り返すスタイルは、**クライアント／サーバーモデル**とよばれています。

　すべてではありませんが、インターネットにアクセスするときの通信はこの考えかたに沿うことが多く、たとえば㊿で説明するHTTPなども、このクライアント／サーバーモデルが前提になっています。その際、クライアントとサーバーは、お互いを指定するのに前出のIPアドレスを使います。

　サーバーは多くの人からの要望を同時に受け取ることができるよう設計されています。また、役割ごとに「ウェブサーバー」や「メールサーバー」などの名前がついています。

インターネットのやりとり　　ドメイン名 / TLD / SLD

22 コンピューターの名前を見てみよう

インターネットをはじめとする大部分のネットワークでは、通信の相手を指定するためにIPアドレスを使います。これは、サーバーにリクエストを送るときもそうですし、サーバーがレスポンスを送り返すときも同様です。

しかし⑳で見たとおり、IPアドレスは単なる数字の羅列でしかなく、私たち人間にとって決して覚えやすいものではありません。そこで、私たちにとって覚えやすい「名前」をコンピューターにつけ、IPアドレスではなく、その名前でコンピューターを指定できるようなしくみが考え出されました。**ドメイン名**は、そのような目的でコンピューターにつけられた名前です。

たとえばIPアドレスが「198.51.100.16」のコンピューターがあり、これに「www.example.com」というドメイン名を対応づ

けたとします。すると、通信の相手を指定するときに、198.51.100.16だけでなくwww.example.comという名前でも指定できるようになる、というイメージです。

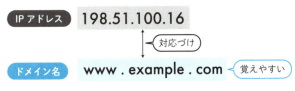

▲ IPアドレスとドメイン名

この「www.example.com」という表記に見覚えがある方も多いでしょう。そう、ウェブサイトのURL(いわゆるアドレス)です。ウェブサーバーのIPアドレスはドメイン名と対応づけられており、URLにはそのドメイン名が含まれています。

ドメイン名は通常、www.example.comのように、英字や数字あるいは記号を組み合わせて作られた単語をピリオド(.)で区切ったかたちをしています。そのうち、最も右側にある単語を**トップレベルドメイン**(TLD)とよびます。TLDは使用目的や国などの大きなグループを表します。また、TLDの1つ左にある単語を**セカンドレベルドメイン**(SLD)とよびます。SLDは、TLDが表す大グループ内のサブグループを表します。

▲ ドメインの構造

上図の例では「example.com」で特定のグループを表しています。左端にある「www」は**World Wide Web**の略で、「example.com」というグループ内のコンピューター(サーバー)の名前を表しています。通常、ウェブサイトを提供するサーバーには「www」という名前をつけます。

TLDには、使われている分野を示す**分野別トップレベルドメイン**(**gTLD**)と、使われている国を示す**国別トップレベルドメイン**(**ccTLD**)があります。次の表はそれぞれの例をピックアップして示したものです。gTLD、ccTLDともに、これら以外にも多くのものが用いられています。

gTLD (**分野別**)	.com	商用サービス
	.net	ネットワークサービス
	.org	各種組織
ccTLD (**国別**)	.jp	日本
	.de	ドイツ
	.ca	カナダ

　TLDは、IPアドレスと同様に、それが世界で1つだけになるよう調整されなければなりません。そのため、インターネットでどのようなTLDを用いるかは、各方面の意見を取り入れながら、⑱で紹介したICANNにおいて一元的に取り決められます。

　それぞれのTLDには**レジストリ**とよばれる管理団体が定められており、そのTLDに関するさまざまな運用業務を行っています。たとえば日本で用いられる.jpは**日本レジストリサービス**(**JPRS**)という会社が管理しています。.jpドメインに関しては、おもに次のような種類のドメイン名が使われています。

種類	例	説　　　明
汎用 **JPドメイン**	example.jp	さまざまな文字がSLDに入るもの（都道府県型や属性型で使われるものなどを除く）
都道府県型 **JPドメイン**	example.tokyo.jp	tokyoなどの都道府県を示す文字がSLDに入るもの
属性型 **JPドメイン**	example.co.jp example.ac.jp	co（会社）やac（大学や研究機関）などの組織の種別を示す文字がSLDに入るもの

インターネットのやりとり　　　　DNSサーバー

23 IPアドレスとドメイン名を関連づけるしくみ

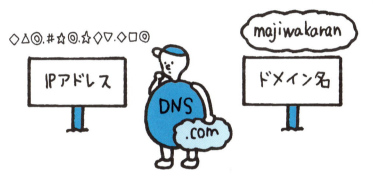

　ドメイン名とIPアドレスを対応づけたことで、人間にとってわかりやすい「コンピューターの名前」で通信相手を指定できるようになりました。ウェブサイトにアクセスするときに入力するURL（アドレス）が、「https://www.ohmsha.co.jp」のように、会社名などのわかりやすいかたちになっているのもそのおかげです。

　しかし、コンピューター同士が通信するとき、相手をIPアドレスで指定することは変わりません。そこで、次のような手順でドメイン名をIPアドレスに変換することで、この便利なドメイン名を使えるようにしています。

1. 人間がPCやスマホを操作して、ドメイン名で通信相手のコンピューターを指定する
2. PCやスマホは、まず、指定されたドメイン名を対応するIPアドレスに変換して、次に、そのIPアドレスで通信相手のコンピューターを指定し直して通信を始める

　このような変換作業は**DNSサーバー**が一手に引き受けています。たとえば、あなたがウェブサイトを見ようとしてPCに「http://www.example.com」と入力すると、PCはURLからドメイン名の部分「www.example.com」を取り出し、DNSサーバーに「www.example.comのIPアドレスは？」と問い合わせます。するとDNSサーバーは「198.51.100.16です」のように回答します。この回答をもらったPCは、IPアドレスが198.51.100.16のサーバーと通信し始めるのです。

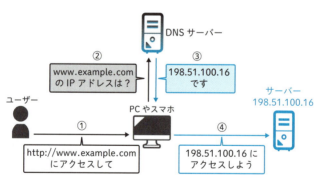

▲ **DNSサーバーによる変換作業の流れ**

　上の図では「DNSサーバー」として1つのアイコンを使用していますが、実際には、複数のDNSサーバーが協力し合ってドメイン名とIPアドレスの変換作業をしています。そのことを踏まえて、よりくわしく処理の流れを見てみましょう。
　PCやスマホなどのクライアントは、ドメイン名からIPアドレ

スに変換する必要が生じると、あらかじめ指定されている **DNSキャッシュサーバー** にドメイン名の変換を依頼します。すると、キャッシュサーバーは、対応情報をもついくつかの **DNSコンテンツサーバー** に問い合わせて、最終的に得られた IP アドレスをクライアントに返します。このとき、コンテンツサーバーは階層的に担当分けされており、下図のようにドメイン名の部分ごとに定められた担当サーバーが回答します。また、キャッシュサーバーからの問い合わせの入口となる **DNSルートサーバー** は、あらかじめキャッシュサーバーに覚えさせておきます。

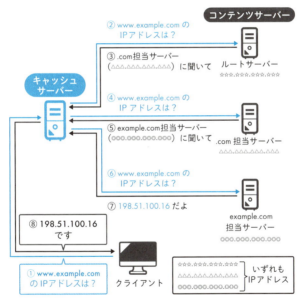

▲ よりくわしい処理の流れ

キャッシュサーバーは、問い合わせ結果を一定期間保存し、同じ問い合わせをする代わりにそれを用いることで、コンテンツサーバーへの無駄な問い合わせを減らします。このような、結果を一時的に保存しておくしくみを **キャッシュ** とよびます。

インターネットの全体像

24 インターネットの全体像

　こまでの説明をまとめましょう。インターネットは膨大な数のネットワークがつながりあって作られた、世界規模のネットワークです。それはインターネット接続サービスを提供するプロバイダー同士のつながりあいで生まれ、回線事業者が管理する物理的なケーブルなどにより社会の隅々まで行き渡ります。

　インターネットサービスを家庭やオフィスに届けるケーブルは、電柱や地中の管を通って全国にくまなく張り巡らされています。そのために用いられるのは、電気の代わりに光を信号として利用する光ケーブルが主流です。

　光ケーブルの中を流れる光信号は、そのままだとコンピューターが理解できないので、ONUを介して光信号と電気信号を相

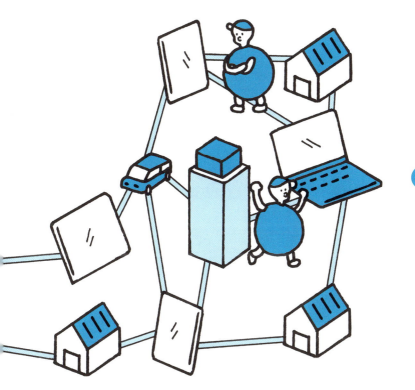

互に変換します。また、ネットワークとネットワークの境目には、情報を中継するルーターが設置されます。

インターネットにつないだコンピューター同士が通信するとき、なにかの処理を依頼するクライアントと、依頼された処理を行うサーバーに役割分担することがよくあります。通信相手の指定はIPアドレスで行いますが、それは数字の羅列で覚えづらいので、人間にも覚えやすいドメイン名が代わりによく使われます。IPアドレスとドメイン名の変換はDNSサーバーが担います。

いつも使っている「インターネット」がどのようなものか、より具体的なイメージがわくようになったのではないでしょうか？

読書案内 2 ネットワークについて学べる入門書

読書案内 1 で述べたように、ネットワークの本はやさしい本から難しい本へと段階的に読むのがおすすめです。ここで挙げる3冊は、本書を読み終わったあとに、上から順に読んでいくと独学でも理解を深めやすいでしょう。

- 「**改訂新版 3分間ネットワーク基礎講座**」網野衛二 著、技術評論社、2010年

  登場人物の小気味よい会話形式でネットワークの基礎技術を説明する異色の入門書です。各項目は3分くらいで読める分量に調整され、気構えず短時間でサクッと読めます。同タイトルのウェブ講座から書籍化されました。

- 「**イラスト図解式 この一冊で全部わかるネットワークの基本 第2版**」福永勇二 著、SBクリエイティブ、2023年

  いまどきのネットワークで用いられるさまざまな技術を、豊富な図や表を使ってフルカラーでわかりやすく解説した定番入門書です。大学などの教育現場においてテキストとしても採用されています。

- 「**マスタリングTCP/IP 入門編 第6版**」井上直也・村山公保・竹下隆史・荒井透・苅田幸雄 共著、オーム社、2019年

  TCP/IPをはじめとするネットワーク技術のバイブルともいえる名著です。内容の深さや正確さは随一で、そのぶん噛みごたえはありますが、学習が進めば進むほど頼りになる一冊です。

Chapter 3
Wi-Fiの しくみを知ろう

Chapter 2では、光回線を例に挙げつつ、インターネットがつながるしくみを説明してきました。ここからは、**電波**を使ってインターネットにアクセスする際のしくみを解説していきます。Wi-Fiやスマホなど、身近な通信のしくみを見ていきましょう。

| 無線LANのきほん | Wi-Fi | 相互接続性 |

25 Wi-Fiってなんだろう?

　電線を使わず電波（26 参照）でネットワークにつなぐしくみの1つに、**Wi-Fi**があります。「Wi-Fiが使えるカフェ」「Wi-Fiのパスワード」などのかたちで、Wi-Fiという言葉を耳にしたことがある人は多いでしょう。

　Wi-Fiは、無線LAN親機の電波が届く範囲内であれば、スマホなどの操作ひとつでネットワークに参加できます。また、自由に動き回りながら使えるため、家庭はもちろん、オフィスや公共スペースのネットワークなどに幅広く使われています。

いまでは無線LANとほぼ同じ意味で使われているWi-Fiという言葉ですが、もともとは、その無線LAN機器が「メーカーや機種を問わずつながり、各機能が決められたとおり動作すること（**相互接続性**）を確認済み」であることを示すものでした。

　無線LANが登場した当初は、規格の曖昧さなどが原因で、同じメーカーの製品でないと接続できなかったり、通信に不具合が生じたりすることが少なからずありました。そこで、Wi-Fi Allianceという無線LANの業界団体が、さまざまな製品と正常に接続できることを確認する試験制度を立ち上げ、それにパスした機器がWi-Fiと名乗れるようにしたのです。

▲ Wi-Fi認証済なら違うメーカーの機器同士でも通信できる

　このように、無線LANとWi-Fiは少し違った意味をもつ言葉でした。しかし、無線LANの普及に合わせてたくさんの機器が登場し、それらのほとんどがWi-Fiを名乗っていることから、それらの機器を使った無線LANまでもがWi-Fiとよばれるようになったのです。

▲ 現在は「無線LAN＝Wi-Fi」と考えるのが一般的

コラム 6　無線LANの規格

電波に情報を乗せる無線LANでは、「電波をどう変化させて情報を表すか」「複数の機器にどうやって通信の順番を割り当てるか」などの細かい方法が、**通信規格**[※23]として定められています。

無線LANの通信規格には「IEEE 802.11●[※24]」という形式の名前が与えられ、規格ごとに最大通信速度などが決まっています。読みかたは、「IEEE 802.11ax」なら「アイトリプルイー ハチマルニ テン イチイチ エーエックス」となります。

これとは別に、ある通信規格に対応する製品が、同じ規格に対応する他社の製品と正常に接続できることなどが客観的に確認されると、「Wi-Fi ▲[※25]」という表記が使われます。こちらは通信規格の名前ではありませんが、「IEEE 802.11●」という通信規格名より覚えやすいので、この「Wi-Fi ▲」というよびかたが愛称としてよく使われます。たとえば「IEEE 802.11beに対応した製品」という代わりに「Wi-Fi 7に対応した製品」とよぶ、といった具合です。

通信規格の名称
IEEE 802.11 英字1〜2文字

- 複雑で高度な技術詳細を定めたもの
- 対応する規格によって最高通信速度などが決まる

通信規格の愛称
Wi-Fi 英数字1〜2文字

- ある通信規格を用いて、さまざまな機器と相互接続性が確認できた製品に使われる表記
- 覚えづらい通信規格の愛称としても用いられる

▲ 通信規格とその愛称

※23　通信規格とは、さまざまな機器同士が通信できるように定められた、世界共通の決まりのことです。**IEEE**(アイトリプルイー)は米国の電気・電子・情報分野の学会で、そこで定められた規格の名称はIEEEから始まります。
※24　●には、アルファベット1〜2文字が入ります。
※25　▲には、アルファベットまたは数字1〜2文字が入ります。

無線LANのおもな通信規格を、古い順で下の表にまとめました。おおざっぱに説明すると、新しい規格ほど通信速度が速く、古い規格ほど多くの機器が対応します。

▼ 無線LANのおもな通信規格

通信規格名	愛　　称	最大通信速度	周波数帯	対応機器の多さ
IEEE 802.11g	なし	54 Mbps	2.4 GHz	◎
IEEE 802.11n	Wi-Fi 4	600 Mbps	2.4/5 GHz	◎
IEEE 802.11ac	Wi-Fi 5	6.9 Gbps	5 GHz	○
IEEE 802.11ax	Wi-Fi 6 Wi-Fi 6E	9.6 Gbps	2.4/5/6 GHz	○
IEEE 802.11be	Wi-Fi 7	46 Gbps	2.4/5/6 GHz	△

これらのうち、比較的新しい規格であるWi-Fi 6やWi-Fi 6Eには、多数の機器を同時につないでも遅くなりづらいという特徴があります。さらに新しいWi-Fi 7は、通信速度がきわめて速く、かつ、通信の遅れが少ないため、仮想現実(VR)や遠隔制御などのリアルタイム性を求められるアプリに適しています。

Wi-Fi 6までは2.4 GHz[※26]帯と5 GHz帯の電波が使われてきましたが、Wi-Fi 6Eからは、新たに6 GHz帯も使われ始めました。6 GHz帯は、まだ使う人が少なく空いているため、規格が定める最大通信速度に近い速度が出やすいといわれます。

※26　**GHz**(ギガヘルツ)とは、電波の周波数の単位です。くわしくは㉖を参照してください。

無線LANのきほん　　　　　　　　　　　　　　電波／周波数

電波ってなんだろう？

　ここまで何回か「無線LAN(Wi-Fi)は電波を使って通信する」と説明しましたが、そもそも電波とはなんでしょうか？

　電波は、空間を伝わる電磁エネルギーの波[※27]で、1900年前後から通信に使われ始めました。通信以外にもさまざまな場面で使われており、テレビやラジオの放送、GPSを利用したカーナビ、航空レーダーなども、電波なくしては成り立ちません。

　電波について理解するときに欠かせないのが**周波数**の考えかたです。周波数は、電波の「波」の1周期が1秒間に何回繰り返されるかを表すものです。図で見てみましょう。

※27　これを**電磁波**とよびます。電波のほか、可視光、紫外線、赤外線、X線なども電磁波の一種です。

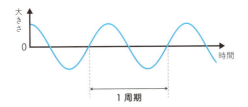

▲ 電波の「波」

電波は、波のように上下しながら空間を伝わります。その高さがゼロから上がって下がってまたゼロに戻るまで、つまり波の1周期が、1秒間に何回あるかを示したものが周波数です。単位は **Hz**(ヘルツ)で、1秒間に波が1回上下する場合を1Hzといいます。下の図は、1秒間に波が4回上下しているので、4Hzです。

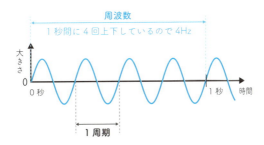

▲ 周期と周波数

無線LANでは、おもに2.4GHz帯[※28]と5GHz帯という2つの周波数帯が使われています。Hzの前についている **G**(ギガ)は10億を表す**接頭語**で、2.4GHzの場合は2.4×10億Hz、つまり1秒間に24億回も上下を繰り返す波ということになります。同じように、5GHzの電波は1秒間に50億回も上下します。

※28 この「帯」の説明は、次の㉗を参照してください。

接頭語とは、単位などのほかの語句の前につける言葉のことです。先に説明したとおりGは10億を表す接頭語で、ほかにも下の表に示すようなものがあります。

▼ **よく使われる接頭語**

使用文字	読みかた	意　　味
k	キロ	10^3=1,000
M	メガ	10^6=1,000,000
G	ギガ	10^9=1,000,000,000

これらの接頭語は、「2.4GHz」といったかたちで周波数を表すときに使われるほか、コラム2やコラム6で触れたように、通信速度を表すときなどにも使われます。

周波数は、1秒間の上下の繰り返し回数が多いものを「周波数が高い」、繰り返し回数が少ないものを「周波数が低い」といいます。2.4GHzと5GHzであれば、5GHzのほうが繰り返しの回数が多いので、より周波数が高いことになります。

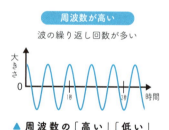
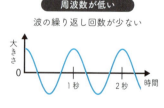

▲ **周波数の「高い」「低い」**

電波の伝わりかたは、その周波数が高いか低いかによって違いが現れます。もともと電波には空間を直進する性質がありますが、一般に、**周波数が高いほど電波は直進する性質が強まり**、途中にあるもので**遮られやすく**なって、結果として**遠くまで飛びにくく**なります。その一方で、送ることのできる**情報の量が増えて、高速かつ大容量の通信が可能**になります。

電波は、送信側のアンテナと受信側のアンテナのあいだに障害物がないとき、最も強く届きます。あいだに障害物が入ると、弱まりながらその障害物を通過したり、逆に障害物で反射されたり、あるいは障害物を回り込んだりして、電波の強度が弱くなったり届かなくなったりします。

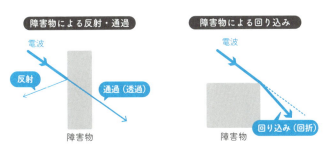

▲ 障害物によって電波は曲がったり遮られたりする

電波が弱まったり遮られたりする程度は、障害物の形や素材、電波の周波数などによって変わります。電波の強度が一定以下になると、いわゆる**圏外**という通信不能な状態になります。スマホや携帯電話に使われる電波のうち、建物の陰や内部にも届きやすい、おおよそ700〜900MHzの周波数帯は**プラチナバンド**とよばれます。

無線LANのきほん

周波数帯

27 2.4GHz帯と5GHz帯の使い分け

周波数の意味を理解できたところで、無線LANの2.4GHz帯[※29]と5GHz帯を、どう使い分ければよいか考えてみましょう。

まず、㉖で紹介した電波の性質から、5GHz帯のほうが2.4GHz帯よりも「途中の障害物に電波が遮られやすい」という性質をもっています。そのため、PCやスマホから見て、無線LAN親機とのあいだに戸や壁がある状況なら、より遮られにくい2.4GHz帯のほうが有利と考えられます。

※29 「2.4GHz帯」とは、2.4GHzピタリだけでなく、その周辺の周波数を含んだ一定範囲を指します。たとえば無線LANの2.4GHz帯は、2.4〜2.497GHzを、5GHz帯は5.15〜5.35GHzおよび5.47〜5.73GHzを、6GHz帯は5.925〜6.425GHzを、それぞれ指します。

　2.4GHz帯は使いやすいため多くの人に使われていますが、その電波は家の中だけに留まらず、ご近所にも届いてしまいがちです。自分の家にも、ご近所のあちこちから2.4GHz帯の電波が届いています。このように、2.4GHz帯の電波はいろいろなところから飛んでくることが多いため、結果として混雑してしまいがちです。さらに、もともと利用できる周波数の幅も広くありません。その点、5GHz帯は使う人が少なめで、利用できる周波数の幅も広くとられているため、混みにくい状況にあります。

　この性質の違いから、「家の中に家具や壁が多ければ2.4GHzを優先する」「密集した住宅街なら5GHz帯を試してみる」のような使い分けが考えられるでしょう。

▼ 2.4GHz帯と5GHz帯、それぞれの長所と短所

	2.4GHz帯	5GHz帯
長所	障害物があっても飛びやすい	利用者が少なめで混雑しにくい
長所	機器の初期設定になっていることが多いため簡単に使える	使える周波数の幅が広い
短所	利用者が多く混み合っている	障害物があると遮られやすい
短所	使える周波数の幅が狭い	レーダーなどとの混信が起きると通信が一時停止することがある

　なお、2022年9月から、新たに6GHz帯の利用が始まっており、Wi-Fi 6EあるいはWi-Fi 7に対応する機器で利用できます。6GHz帯はまだ利用者が少ないため5GHz帯よりもさらに空いており、かつレーダーなどとの混信がほぼ起こらないという長所があります。

無線LANのきほん　SSID

28 無線LANネットワークの名前を見てみよう

　スマホやPCからWi-Fiでネットワークにつなぐときは、「接続先の一覧から自分が接続したいネットワークの名前を選んで接続する」という手順をとります（⑤ ⑥ 参照）。このときに一覧に表示されている名前を、**SSID**（エスエスアイディー）とよびます。

　SSIDとして接続先一覧に表示される文字は、Wi-Fiルーターが発する電波に情報として含まれています。その情報をスマホやPCが受信して、画面に表示しています。スマホやPCを使う人は、一覧に表示されるSSIDを見て、自分が接続したいネットワークかどうか確かめます。

▲ SSIDが接続先一覧に表示される流れ

　ほとんどのWi-Fiルーターは、最初からほかと重ならないSSIDが設定されています。また、機種にもよりますが、Wi-Fiルーターの設定画面などで好きな名前に変更できます。もし変更するときは、通常、英数字と一部の記号を使い32文字以内で、一覧に現れるほかのSSIDと重ならない名前を設定します。

　ここで注意しなければならないのは、自分の家にあるWi-FiルーターのSSIDは、近所の家や周辺道路にいる人のスマホやPCにも、自動的に表示される点です。イメージとしては、電波を使ってSSIDを叫んでいるような状況です。

▲ 電波が届く範囲内のSSIDは自分のもの以外も表示される

　電波の強さを何カ所かで調べれば、家の外からWi-Fiルーターが置かれた部屋を推定することも不可能ではありません。そのため、設定するSSIDに自分の本名や部屋の用途（LivingRoomやBedRoomなど）などを含めないほうがよいでしょう。

無線LANのきほん　　　　　　　　　　　暗号化キー　認証

29 ネットワークを守る パスワード

　スマホやPCをWi-Fiに接続するとき、接続したいSSIDを選ぶと、そのネットワークに接続するためのパスワードが求められます。家庭用のWi-Fiルーターの場合、そのパスワードはWi-Fiルーター内にあらかじめ設定されており、それを間違いなく入力できたスマホやPCはネットワークへの接続が許可されます。また、スマホやPCは接続できたパスワードを記憶するので、次からはその入力を省略して接続できます。

　このパスワードは、次の2つの役割をもっています。

- パスワードを知っている人にネットワークの接続を許可する
- 通信内容を暗号化するための素材として利用する

1つめは、パスワードを知っている人にだけネットワークへの接続を許可して、そうでない人は拒否する役割です。こういった「資格がある利用者かどうか識別する」はたらきのことを、**認証**といいます。認証を行うことで、見ず知らずの人がネットワークに侵入したり、無断利用したりすることを防げます。

　2つめは、Wi-Fiルーターとスマホなどが、通信の内容を**暗号化**（32 参照）するのに必要な**暗号鍵**を作り出すときの、共通の元ネタとなる役割です[※30]。暗号化すると、利用エリア外に電波が飛んでいっても、通信内容を盗聴されなくなります。Wi-Fi接続時に入力するパスワードは、暗号化にも利用されることから、**暗号化キー**ともよばれます。

▲ パスワードは無断侵入や盗聴を阻止する

　大部分の家庭用無線LAN親機は、出荷時にパスワードが設定されていて、それが本体裏面や接続マニュアルなどに書かれています[※31]。また、所定の設定画面などを操作すれば、そのパスワードを自分が好きなものに変更できるようになっています。

※30 WPA3とよばれる新しい規格では、パスワードを暗号鍵の元ネタとして使わなくなりました。
※31 「パスワード」「暗号化キー」のほか、「認証キー」「セキュリティキー」などの名称で記載されている場合もあります。

無線LANの機器　　　ルーターモード　アクセスポイントモード

30 無線LAN親機の2つのモード

　Wi-Fiルーターの説明書を見ると、「機器の動作モードには**ルーターモード**と**アクセスポイントモード**（ブリッジモード）があり、どちらか一方に切り替えて使う」と書かれていることがあります。この2つのモードは、なにが違うのでしょうか。
　Wi-Fiルーターは、大きく分けて2つの機能で構成されています。

- 電波を使ってスマホやPCをネットワークにつなぐ機能
（有線ネットワークのハブに相当する機能）
- あるネットワークと別のネットワークをつなぐ機能
（ルーター機能）

ルーターモードで動作しているWi-Fiルーターは、この2つの機能の両方が作動しています。つまりハブとルーターの2つが中に入っているイメージです。これに対して、アクセスポイントモードで動作しているWi-Fiルーターでは、電波を使ってスマホやPCをネットワークにつなぐハブ相当の機能だけが動作しています。この機能だけをもつ機器は**アクセスポイント**(AP)とよばれることから、それ同様に動作するモードということで、アクセスポイントモードという名前がついています。

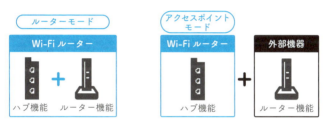

▲ **ルーターモードとアクセスポイントモード**

　住宅やごく小規模のオフィスなど、Wi-Fiルーターだけでインターネットにつなぎたいときには、ルーターモードを使います。このようなケースでは、スマホやPCをネットワークにつなぐハブのはたらきと、そのネットワークをインターネットにつなぐルーターのはたらき、この両方が必要とされるからです。Chapter 1の②の図中にあるWi-Fiルーターは、すべてルーターモードで動いている例です。

　これに対し、スマホやPCを無線でつなぐ機能がほしいが、すでにルーターはあるので新たなルーターは不要、といったケースではアクセスポイントモードを使います。組み合わせる機器にルーター機能がある場合などにも、このモードが用いられます。

　なお、Wi-Fiルーターの多くは、初期設定がルーターモードになっています。また、モードの切り替えができない機種もあります。

無線LANの機器　　　　　　　　　　　　中継器　メッシュ構成

31 広いエリアでも同じWi-Fiを使えるようにするには？

大きな住宅や広いオフィスなどでは、Wi-Fiルーターからの電波が届きにくいエリアができることがあります。電波が届きにくい場所では、通信速度が遅くなったり、通信が不安定になったりします。

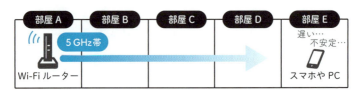

▲ Wi-Fiルーターの電波が届きづらい場所は通信が不安定に

このようなとき、電波が届きにくいところより手前に、Wi-Fiルーターからの電波を受信して強い電波で送り直す**中継器**を置くと、電波が届きにくい状況を解消できることがあります。

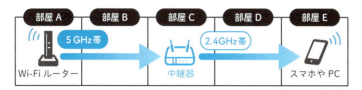

▲ 中継器で電波が届きにくい状況を解消する

通常、中継器は、「親機(Wi-Fiルーターなど)〜中継器は5GHz帯、中継器〜端末(スマホやPCなど)は2.4GHz帯」のように、区間ごとに使う周波数帯を変えることで通信速度が低下しないようにします。ただし、中継器さえ使えば通信状態が一気によくなるとはかぎらず、場合によっては効果が薄いこともあります。

中継器がさらに進化したものに、**メッシュWi-Fi**があります。中継器にあたる機器同士を網の目状に設置(**メッシュ構成**)して、より広い範囲をカバーしながら、それぞれが協調して動作することで安定した通信を可能にします。一部の機器が故障したらほかの機器がカバーしたり、端末が移動したら最も電波の状態がよい機器へとスムーズにつなぎかえたりする機能を備えています。

メッシュ構成に使う機器には複雑な動作が求められますが、それをどう実現するかは、メーカーや機種ごとに違う状況が続いていました。そのため以前は、メッシュ構成に使う機器は同じメーカーの同じ機種にかぎるなどの制約がありました。しかし近年は、メッシュ構成の共通仕様(**Wi-Fi EasyMesh**)に対応した機器が増えてきて、それに合致した機器ならメーカーや機種を問わず組み合わせて使えるようになりつつあります。

無線LANのセキュリティ　　　　　　　　　　　暗号化／復号

32 暗号化ってなんだろう？

　有線LANでは「PCにケーブルを物理的につなぐ」ことで通信できるようになります。この場合、やりとりする情報は必ずケーブルの中だけを流れます。通常、見ず知らずの人がそのケーブルを触ることはありません。そのため有線LANには、やりとりの内容を第三者が覗き見することは難しいという長所があります。

　これに対して無線LANは、「電波を使ってネットワークに接続」します。そして、その電波は室内だけに留まらず、室外の一定範囲にも飛んでいきます。つまり無線LANは、**電波をこっそり受信して解読する人がいると、やりとりの内容を簡単に覗き見られてしまう**という弱点をもっています。

この弱点をカバーするために使われるのが、**暗号化**とよばれる技術です。暗号化を行うと、第三者が電波を受信しても内容を解読できなくなり、やりとりの内容が覗き見されることを防げます。また、資格がある利用者かどうか識別する認証にも、暗号化の技術は利用されます。このように、暗号化は無線LANを安全に利用するために重要な役目を果たしています。

　暗号化の方式はさまざまなものがありますが、それらのいずれにも共通することが、**暗号鍵**を使用する点です。暗号鍵は情報を暗号化するときと、暗号化された情報をもとに戻すときに使われます。家庭用のWi-Fiルーターでは、この暗号鍵を生成するための元ネタの1つとして、接続時に入力したパスワードが使われることがあります。Wi-Fi接続時のパスワードが時に暗号化キー（29 参照）とよばれるのは、このような理由によります。

　なお、暗号化されてもとの内容がわからない状態になったものに決められた計算をほどこし、誰でも読める情報へと戻すことを**復号**といいます。暗号化して送られたデータを受け取った人は、それを復号することで、もとの情報を取り出すことができます。

　このような一連の技術を総称して**暗号技術**とよびます。暗号技術があるおかげで、無線LANの電波を第三者が盗聴したとしても、「どんなウェブサイトを閲覧したのか」「誰にどんなメッセージを送ったのか」といった通信の内容を知られずに済むのです。

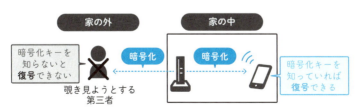

▲ 無線LANの安全を保つ暗号技術

無線LANのセキュリティ　　　　　　　　　　　　　　WPA　AES

33 暗号化規格と暗号アルゴリズム

　無線LANの暗号化機能は、**暗号アルゴリズム**と**暗号化規格**の組み合わせで表されます。このうち暗号アルゴリズムは、**内容を解読できなくするための数学的な理論**を指します。暗号化規格は、その**数学的な理論を有効かつ安全に利用するための具体的な手順**を定めたものです。

　たとえば、自宅玄関のドア錠をものすごく安全なものにしても、「鍵をかけ忘れる」「他人に鍵を貸す」「外に置き忘れる」のように使いかたが不適切だと、安全とはいえません。ドア錠を安全なものにして、かつ、その使いかたが適切であってこそ、初めてドア周辺の安全性が保てます。

それと同じように、無線LANの暗号化についても、安全にする中核要素(=暗号アルゴリズム)とその利用手順(=暗号化規格)の2つを考慮する必要があります。

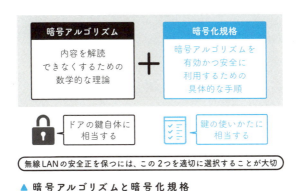

▲ 暗号アルゴリズムと暗号化規格

暗号化規格と暗号アルゴリズムは、年を追うごとに新しく安全なものが登場します。2025年現在、暗号化規格 **WPA3**(ダブリューピーエースリー)(Wi-Fi Protected Access 3)と暗号アルゴリズム **AES**(エーイーエス)(Advanced Encryption Standard)の組み合わせが最も安全とされています。また、WPA3より安全性は劣りますが、**WPA2**とAESの組み合わせもまだ使われています。これら以外は大きな弱点が見つかっているので、使うべきではありません。

▼ 具体的な暗号化規格と暗号アルゴリズムの種類

	現在使われているもの	以前使われていたもの
暗号化規格	WPA3、WPA2	WPA、WEPなど
暗号アルゴリズム	AES[※32]	RC4[※33]など

※32 AESと同じ意味で**CCMP**の表記も使われます。
※33 RC4と同じ意味で**TKIP**などの表記も使われます。

無線LANのセキュリティ　　　　　　　出力レベルの調整／盗聴

34 Wi-Fiの電波は強ければ強いほどいい？

無線LANは、どの部屋にも十分に強く電波が届いてくれて、安定的につながってほしい。だから、機器が出す電波は強いほうがいい……そう考える人は多いでしょう。しかし、セキュリティの点から考えてみると、一概にそうとはいえません。

次ページの図を見てください。複数の部屋がある大きな住宅と、ワンルームの住宅の比較図です。左は電波の届く範囲が室内に留まっていますが、右は室外へと電波が漏れ出ています。

先の項で触れたとおり、室外に漏れ出た電波を第三者が盗聴しても通信内容がわからないよう、無線LANでは暗号化の技術が使われています。しかし、暗号化技術はそれを破ろうとする者と常にいたちごっこの状況にあり、使用するWi-Fiルーターでは対

応しきれない新手の攻撃に合わないともかぎりません。また、たとえ内容を覗き見できなくても、「電波のやりとりの頻度から在宅かどうか室外から推測する」ことなども、原理上、不可能ではありません。

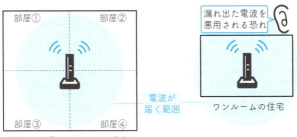

▲ 電波が強すぎると室外にたくさん漏れ出てしまう

こう考えると、「より安全に無線LANを使う」には、その電波は利用する範囲で不便がない程度に強く、しかし範囲外にまでたくさん漏れ出すほどは強くないのがよいことになります。

この考えかたに対応できるよう、Wi-Fiルーターのなかには、設定画面などで電波の出力レベルを調整できるものがあります。そのような機種では、「さほど広くない部屋で使うときには出力レベルを下げる」などの対策をとれます。

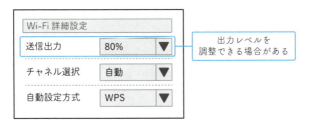

▲ Wi-Fiルーターの設定画面の例

無線LANの速度　　　　　　　　　　　　　　　　　MIMO

35 無線LANの通信速度をグンと速くするには？

いま、ある機器のアンテナから電波を送信し、別の機器がその電波を受信して通信しているとしましょう。このとき単純に、同じものをもう1組用意して、同じ周波数で電波を送信すると、2倍の情報を送れるようになるでしょうか？

答えはノーです。なんの工夫もせずに、すぐそばで同じ周波数の電波を送信すると、それぞれが混信してしまい、2倍の情報を送れるどころか、両方の通信に支障をきたします。これは、たとえば同じエリアで同時に放送をするFMラジオが、A局は80.0MHz、B局は82.5MHzといった具合に、放送局ごとに違う周波数の電波を使っていることからも想像できるでしょう。

この電波の性質を乗り越えて、同じ周波数の電波を使いながら、2つ以上のアンテナから別々の情報を同時に送信し、それを同じ数のアンテナで受信して別々のものとして取り出せる技術がMIMO(Multi Input Multi Output)です。MIMOの登場によって、電波による通信はグンと速くなりました。

　例として、1本のアンテナ同士の送受信を考えてみましょう。「MAJI」という言葉を送るとき、1文字の送信に1秒かかる[34]とします。このとき、受信側が「MAJI」すべてを受け取れるのは、4秒後のことです。

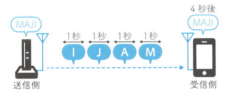

▲ 1本のアンテナ同士の通信

　一方MIMOでは、送信側も受信側も2本以上のアンテナを使い、それぞれから同じ周波数の電波を同時に送信して、各アンテナで別々の情報を伝えます。たとえば送信側と受信側が4本のアンテナを使い、さきほどの「MAJI」を送るとすると、この4つの文字は1度で送ることができます。そのため、受信側は1秒後に「MAJI」すべてを受け取れます。時間が1/4で済んだのですから、これは速度が4倍になったのと同じです[35]。

※34　これは例示のために設定した秒数で、実際には1文字を送るのにこんなに長い時間はかかりません。
※35　次ページの図は説明用に4本のアンテナを描いていますが、2025年現在、大部分のスマホのWi-Fiはアンテナ2本のMIMOにのみ対応しています。

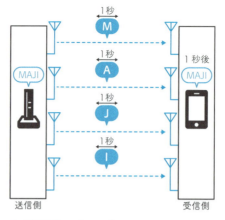

▲ MIMOのイメージ

　MIMOをさらに発展させ、相手ごとにアンテナを使い分ける**MU-MIMO**という技術もあります。MU-MIMOを利用すると、複数の相手に対して同時にMIMOの速度向上効果がもたらされます。また、これを大規模化して、送信側のアンテナを何十、何百と増やしたものは、**Massive MIMO**とよばれます。

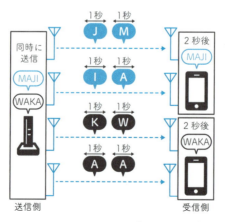

▲ MU-MIMOのイメージ

コラム 7　Wi-Fiルーターの暗号化機能の書き表しかた

㉝の本文にあるとおり、Wi-Fiルーターの暗号化は「暗号化規格」と「暗号アルゴリズム」の両方をセットで考える必要があります。ここでは、Wi-Fiルーターの取扱説明書や設定画面などでよく見られる、この2つをひとまとめに書き表す方法を紹介します。

書き表しかたにはいくつか流儀がありますが、よく見かけるのが「**暗号化規格名（暗号アルゴリズム名）**」のように書き表す方法です。

たとえば「WPA3（AES）」なら、暗号化規格WPA3と暗号アルゴリズムAESを組み合わせることを表します。また「WPA2（AES）」なら、暗号化規格WPA2と暗号アルゴリズムAESを組み合わせるという意味です。

暗号化規格の部分を、さらに詳しく表記することもあります。たとえば「WPA3-SAE（AES）」は、暗号化規格WPA3のうち、暗号化キーを入力して認証する従来よりも安全なタイプ（=WPA3-SAE）と、暗号アルゴリズムAESを組み合わせることを示しています。また「WPA2-PSK（AES）」は、暗号化規格WPA2のうち、暗号化キーを入力して認証するタイプ（=WPA2-PSK）と、暗号アルゴリズムAESを組み合わせることを意味します。

ちなみに、家庭用のWi-Fiルーターに関して書かれているのであれば、WPA3とWPA3-SAE、WPA2とWPA2-PSKは、それぞれ同じものを指していると考えておおよそ問題ありません。

電波による通信と移動

スマホ / 基地局 / ハンドオーバー

36 移動しながらでもスマホでネットが使える理由

　私たち日常的に使うスマホは、音声やデータをやりとりする通信機能が組み込まれた、高性能なコンピューターです。そして、贅沢なことにその通信機能は、携帯電話会社が提供

▲ スマホはそれ自体が通信機能をもつコンピューター

するモバイルネットワークのほかに、Wi-Fiを介してさまざまなネットワークともやりとりできる2本立てになっています。

モバイルネットワークを利用するとき、スマホや携帯電話が電波を実際にやりとりする先は、利用場所から近いところにある基地局です（②参照）。基地局にとりつけられた大型のアンテナと、スマホや携帯電話に内蔵された小型のアンテナ[※36]のあいだで、複雑な処理が施された電波をやりとりしてデータや音声を伝えます。また、その基地局は通信事業者のネットワークにつながっていて、さらにインターネットへとつながっています。基地局があちこちにあるおかげで、私たちは移動しながらでも気軽にスマホでインターネットや電話を利用できるのです。

▲ 利用場所から近い位置にある基地局と通信する

これを踏まえ、スマホと基地局とのやりとりをもう少し詳しく見てみましょう。電源をオンにすると、スマホはいくつか受信できる電波のなかから、契約している携帯電話会社の基地局が出している電波を見つけ出し、その基地局とつながります。もし、契約している携帯会社の電波をいくつか受信できたら、より強いものを選択します。こうすることで、より近くにある基地局との通信が始まります。

※36 初期の携帯電話はアンテナを伸ばして使うのが一般的でしたが、その後、本体内蔵型のアンテナが一般的になり、スマホもそのスタイルを受け継いでいます。

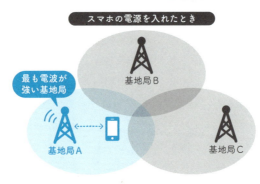

▲ 電源を入れると最寄りの基地局とつながり通信を始める

　しかし利用者が移動するにつれ、もとの基地局とは距離が離れて通信状態が悪くなり、別の基地局のほうがよりよい条件で通信できるようになります。このとき、それまでつながっていた基地局(悪条件)と、これからつなぐ基地局(好条件)と、スマホとが協力しあって、**担当する基地局の切り替え**が行われます。これを**ハンドオーバー**とよびます。通常これは、もとの基地局からの電波が完全に途切れる前に行われ、担当する基地局が切り替わっても通信は途切れず引き継がれます。

▲ ある基地局から別の基地局へ
　ハンドオーバーで通信を引き継ぐ

　もう1つモバイルネットワークで特徴的なのは、**スマホなどの情報端末が、いまどのあたりにあるかを追いかける機能**です。

　たとえば、あるスマホに電話がかかってきたとします。すると携帯電話会社の装置は、対象のスマホに向けて、呼び出し音を鳴らす指令を送ろうとします。しかしそれは、そのスマホから近いところにある基地局に送って初めて対象のスマホに届きます。これを可能にするため、モバイルネットワークでは、それぞれの端末がつながっている基地局を折々に記録しておき、呼び出しなどの通信処理に活用しています。

　モバイルネットワークは、これらの特徴的な機能により、端末がどこにあっても、そして移動しながらでも、常によい通信状態を保つよう作られています。

コラム│8 スマホの通信規格

　スマホに代表される携帯端末と基地局との電波を用いたやりとりは、世界で共通の規格に沿って行われています。私たちがどのメーカーのスマホを使っていても、あるいは外国に旅行したときにも、いつも同じようにネットにアクセスしたり電話で話したりできるのは、世界共通の規格が定められ、携帯端末や基地局などがその規格に合わせて作られているおかげです。

　この規格は、だいたい10年ごとに、最新の技術を詰め込んだものが発表されます。それらには名前がついていて、たとえば、いまサービスが提供されているもので最新の規格は**第5世代移動通信システム**とよばれます。その略称である**5G**という言葉を聞いたことがある人は多いでしょう。ほかに、少し古い規格である**4G**(**第4世代移動通信システム**)や、さらに古い**3G**(**第3世代移動通信システム**)も、本書執筆時点ではまだ現役で使われています。

　古い規格をすぐ使えないようにしないのは、古い規格にだけ対応する携帯端末を使っている人が一定数いるためです。しかし、いずれ基地局側が古い規格への対応をとりやめることになるため、それらの携帯端末はつながらなくなる運命にあります。たとえば、3G規格での通信サービスは、最も長く続ける予定の通信事業者でも、国内では2026年中に終了することが発表されています。

▼モバイル通信に用いられる規格と国内でのサービス開始時期

略称	正式名称	開始時期	補足
3G	第3世代移動通信システム	2001年	国内では2026年中に終了予定
4G	第4世代移動通信システム	2010年	1世代前の通信規格だが当面は使われる
5G	第5世代移動通信システム	2020年	これから中心的に使われる最新規格

電波による通信と移動　　モバイルルーター　ホームルーター　テザリング

37 スマホ以外でも移動しながらネットを使うには？

3 Wi-Fiのしくみを知ろう

　自宅でも外出先でも、場所を問わずインターネットを利用できることは、スマホならではの便利さです。この便利さをPCなどでも使えるようにする機器の1つがモバイルルーターです。

・コンパクト
・バッテリーで動く

各種デバイス ←Wi-Fi→ モバイルルーター ←モバイルネットワーク→ 基地局

▲ Wi-Fiをモバイルネットワークに取り次ぐモバイルルーター

105

モバイルルーターは、スマホの「最寄りの基地局とデータをやりとりする機能」とWi-Fiルーターの機能とを足し合わせたような機器です。モバイルネットワークとつながる機能をもたないノートPCなども、Wi-Fiを使ってモバイルルーターにつなぐことで、スマホ同様、モバイルネットワーク経由でインターネットにアクセスできるようになります。モバイルルーターは持ち運びながら使うことが想定されているので、コンパクトかつバッテリー動作するように作られています。

　また近年では、モバイルルーターと同様の機能をもちながら、持ち運びは想定せず、もっぱら自宅などに設置して使用する、**ホームルーター**とよばれる機器も登場しています。

▼ ホームルーターとモバイルルーターの比較

機器名	ホームルーター	モバイルルーター
使用形態	設置して使用	持ち運びながら使用
重視する点	機器の性能	サイズや省電力性
電　　源	コンセントから供給	バッテリーまたは電源アダプタから供給
おもな用途	光回線を引かずに自宅でインターネットを利用するために使う	出先からノートPCなどでインターネットを利用するために使う

　持ち歩くことを想定しないホームルーターは、少しくらいサイズが大きくても問題にならず、バッテリーで長時間動作させる必要もありません。そのため、より高性能なアンテナを搭載したり、通信処理の性能を高めたりして、モバイルルーターよりも能力の向上が図られているのが一般的です。ホームルーターは、光回線を引かずに自宅でインターネットを使えるようにする手段として活用が進んでいます。

ところで、わざわざモバイルルーターを買わなくても、スマホを使ってモバイルルーター相当のことができるのをご存じでしょうか。スマホをそのように使うことを**テザリング**とよびます。

テザリングを利用すれば、別途Wi-Fiルーターを持ち歩かなくても、スマホ1つでノートPCをインターネットにつなぐことができて便利です。ただ、テザリングはスマホのバッテリーを多く消費するほか、インターネットとの通信速度があまり速くならなかったり、接続が安定しなかったりすることがあります。

そのため一般的には、ある程度の時間にわたり高速かつ安定的にインターネットを使いたいときはモバイルルーター、ちょっとインターネットにつなぎたいだけならテザリング、といった使い分けがなされます。

▲ スマホをモバイルルーターのように使うテザリング

なお、使用するスマホの機種や、通信事業者との契約内容などにより、テザリングを利用できないことがあります。また、PCの通信量はスマホのそれより格段に多いことから、テザリングをすると契約コースのデータ容量を思いのほか早く使い果たしてしまう恐れがある点に注意しましょう。

読書案内 3 セキュリティについて学べる入門書

　最後に、 読書案内 1 で「ネットワークと切っても切れない関係」と述べたセキュリティの入門書を紹介します。

- **『「サイバーセキュリティ、マジわからん」と思ったときに読む本』**
大久保隆夫 著、オーム社、2023年
　誰もが知っておきたいサイバーセキュリティの基本知識を、読みやすい見開き形式でやさしく丁寧にひもといた本書の姉妹書です。ステップアップに役立つおすすめ書籍の情報も充実しています。

　ネットワークと同じように、セキュリティも一度にすべてを理解しようとするのは難しい分野です。上の書籍は、本書と同様に専門家ではない一般ユーザー向けなので、最初に読む本として適しているでしょう。セキュリティ分野の「次に読む本」は、上の書籍の読書案内を参考にしてください。

Chapter 4

プロトコルはネットワークを支える大事なルール

この Chapter では、ネットワークを支えている**プロトコル**というルールについて学びます。少し抽象的でわかりづらいかもしれませんが、プロトコルの理解を深めると、ネットワークの全体像を理解しやすくなります。1回読んだ時点ではよくわからなくても大丈夫なので、Chapter 5 と合わせてゆっくり読み進めてください。

プロトコルのきほん　　通信プロトコル／標準化

38 プロトコルってなんだろう？

　本題に入る前に、ちょっとした例題について考えてみましょう。いま、AさんとBさんが大事なことを話し合おうとしています。誤解や行き違いがあると大変なことになるため、話したことは確実に相手に伝える必要があるとしましょう。このとき、どんなルールが必要になるでしょうか？

　まず、2人の会話が成り立つには、**お互いに同じ言語を話す**必要があります。Aさんは日本語、Bさんはフランス語で話したのでは、お互いの意思疎通は成り立ちません。当然なことではありますが、とても基本的で大切なことです。そこで1つめのルールを「日本語で話す」としましょう。

さらに、聞いた内容を理解したら、**わかった旨を相手に伝え返す**というルールも設けましょう。たとえば「10月30日までにお願いします」と聞いて理解したら、言葉で「わかりました」と返答する方式です。また、理解できなかったときは「わかりませんでした」と、**わからなかった旨を相手に伝え返し**、それを聞いた**相手はその内容をもう一度話す**ことにしましょう。

このルールに沿ってAさんとBさんの会話を進めれば、大事なことを聞き逃したり、内容を理解しないまま話が先に進んでしまったりすることを防げるに違いありません。また、このルールはどのような会話にも共通して通用するので、AさんとBさんの会話にかぎらず、CさんとDさんなど、別の人同士の会話にも適用できるでしょう。

なぜこんな話をしたかというと、PCやスマホなどのコンピューター同士の通信にも、こういったルールがあるからです。コンピューター同士の通信で用いるこのようなルールを、**プロトコル**（protocol）といいます。英語のprotocolという単語には、もともと「手順、手続き」といった意味があります。そこから、通信をするときのルール、つまり通信の手順を決めたものが、プロトコルとよばれています。**通信プロトコル**ともいいます。

では、コンピューターや周辺機器で実際に使われるプロトコルには、どのようなことが取り決められているのでしょうか。それには、たとえば、次のようなものがあります。

- 通信の速度
- 情報の形式
- やりとりする情報の種類
- 情報を送る順序
- うまく届かなかったときのやり直しルール
- 問題が起きたときの対処方法

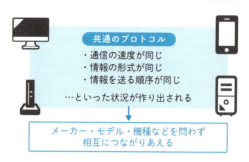

▲ 共通の通信プロトコルであらゆるものを通信可能に

　このような条件が一致することで、コンピューターや周辺機器は、お互いに正しく情報をやりとりできるようになります。ここで注目したいのが、この条件にメーカーや機種は一切関係がないという点です。私たちが、同じ言語で話せば出身国に関係なく意思疎通できるのと同じように、コンピューターや周辺機器は、同じプロトコルを使えばメーカーや機種に関係なく通信できるのです。

　もし、このような共通のルールがなく、各メーカーが好き勝手にルールを決めてしまえば、メーカーが違うスマホ同士はメッセージをやりとりできない、といったことが起きかねません。それではすごく不便ですから、そうならないよう、みんなが使える共通のルール、つまりプロトコルが定められています。

　こういった「世界共通のルールを定める作業」のことは**標準化**（ひょうじゅんか）とよばれます。通信の世界では、標準化により定められたプロトコルにみんなが沿うことで、メーカーや機種などの違いを乗り越え、自由につながり通信できる**相互接続性**（㉕参照）を実現しています。

　いうまでもなく、Chapter 1～Chapter 3に登場した各種のしくみもまた、このようなプロトコルに基づいて作られています。

プロトコルのきほん / プロトコルの構成

39 組み合わせて使うプロトコル

4 プロトコルはネットワークを支える大事なルール

　多くの場合、プロトコルは**いくつかのものを組み合わせて**使います。すべてを1つのルールに詰め込むのではなく、小さなルールを組み合わせて全体的なルールを作り上げる、という方法がとられるのです。これには理由があります。

　まず挙げられる理由は、**ルールが肥大化したり複雑になりすぎたりすることを避けるため**です。肥大化・複雑化したルールは、それに沿うことすら簡単ではありません。たとえば、家電の説明書が1万ページあったとしたら、おそらくほとんど読んでもらえませんし、書く人もチェックする人も大変です。でも、数ページなら読む人も多いはずですし、内容も把握しやすいでしょう。それと少し似ています。

1つのルールにすべてを詰め込んだ場合	シンプルなルールを組み合わせた場合
日本語で聞いた内容を理解できたらわかった旨を日本語で伝え返し、内容を理解できなかったらわからなかった旨を日本語で伝え返して、それを聞いた相手は同じことをもう一度日本語で話す。	使用言語は日本語 理解できたらわかった旨を伝え返す 理解できなかったらわからなかった旨を伝え返し、それを聞いた相手は同じことをもう一度話す

▲ 1つのルールにすべてを詰め込むと複雑になりがち

次の理由が、**ルールの修正をたやすくするため**です。たとえば、上に示す2つのルールの使用言語を、日本語から英語に変更するには、次のように書き換えることになります。

1つのルールにすべてを詰め込んだ場合	シンプルなルールを組み合わせた場合
英語で聞いた内容を理解できたらわかった旨を英語で伝え返し、内容を理解できなかったらわからなかった旨を英語で伝え返して、それを聞いた相手は同じことをもう一度英語で話す。	使用言語は英語 理解できたらわかった旨を伝え返す 理解できなかったらわからなかった旨を伝え返し、それを聞いた相手は同じことをもう一度話す

┈▶ 影響するところを探してルールのあちらこちらを修正する必要あり　　┈▶ かぎられた範囲の修正で済む

▲ シンプルなルールを組み合わせたほうが修正もラク

1つのルールにすべてを詰め込んだ場合、ルールのなかに点在する修正個所を見つけ出して、それらすべてを修正しなければなりません。これは面倒ですし、修正忘れの原因にもなります。それに対し、シンプルなルールを組み合わせた場合には、修正個所は狭い範囲にかぎられることが多くなり、大きめの修正でも、ルールごと部品のように差し替えることで対応できる場合が増えます。つまりルールのメンテナンスがしやすくなるというわけです。

プロトコルのきほん / プロトコルの抽象度

40 プロトコルとプロトコルの関係を見てみよう

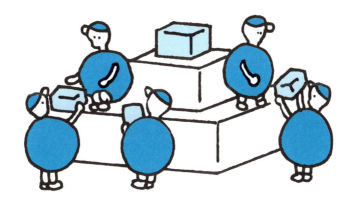

4 プロトコルはネットワークを支える大事なルール

いくつかのプロトコルを組み合わせるとき、似たもの同士を組み合わせるほかに、「より具体的なルールとより抽象的ルール」や「より共通的なルールとより個別的なルール」を組み合わせることがよくあります。

たとえば㊳で紹介したAさんとBさんの会話のルールでは、「日本語で話す」「理解できたらわかったと伝え返す」「理解できなかったらわからなかったと伝え返し、相手は同じことをもう一度話す」という3つのルールを組み合わせました。このうち「日本語で話す」は、より具体的なルールです。これに対し「理解できたらわかったと伝え返す」「理解できなかったらわからなかったと伝え返し、相手は同じことをもう一度話す」は、具体的に

何語で話すかを問わない、より抽象的なルールです。

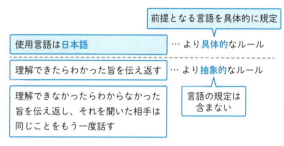

▲ 具体的なルールと抽象的なルール

　上の図のような、「抽象度の異なるプロトコルをいくつか組み合わせる」という考えかたは、次項以降で説明するネットワークのモデルを理解するために重要なものです。理解を深めるために、別の例も考えてみましょう。

　ある会社のオフィスが、複数のビルに分かれていて、ビル間で書類を運ぶ態勢が作られているとします。書類の受け渡しには、以下の3つの役割の人が関わります。

- 依頼人
- 配送係
- 運搬係

　依頼人は、運びたい書類を用意して、宛先とともに配送係へ引き渡します。配送係は、その宛先を見て宛先方面を走る運搬係に書類を引き渡します。運搬係は、依頼された書類を実際に運びます。運搬係が宛先ビルまで運んだ書類は、宛先ビルの配送係に引き渡されます。さらに、配送係はそれを依頼人に引き渡します。

　この一連の手順を、「**書類運搬のモデル**」とよぶことにしましょう。書類運搬のモデルは、次の図のように表せます。

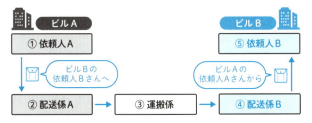

▲ 図で表した書類運搬のモデル

　この書類運搬のモデルは、各担当者(依頼人、配送係、運搬係)の仕事によって成り立っています。それらを書き出すと、下の図のようになります。

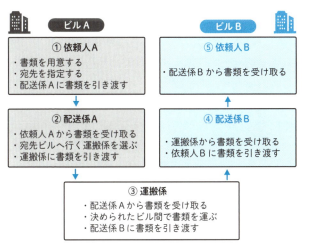

▲ 書類運搬のモデルに登場する各担当者の仕事

　ここに書き出された「各担当者の仕事」は、書類運搬のルール、つまりプロトコルです。このように複数のプロトコルが組み合わさることで、書類運搬のモデルが成り立っているのです。

　このとき興味深いのは、**依頼人は運搬係がどのように書類を運搬するか知っている必要はない**という点です。書類を用意して宛先を明記して配送係に渡せば、仕事は完了します。

配送係は、運搬係がどうやって運搬するかまで知っている必要はありませんが、もしビルＡとビルＢ間専門の運搬係ＡＢと、ビルＡとビルＣ間専門の運搬係ＡＣの２人がいる場合には、宛先を見て運搬係ＡＢと運搬係ＡＣのどちらに引き渡すかを決める必要があります。そのため、示された宛先に書類を届けるにあたり、その運びかたの知識をいくらかもっておく必要があります。

　これに対し運搬係は、所定のビルのあいだで書類を運ぶルート、途中の道路の混雑状況、もし工事中の場所があれば迂回ルートなど、書類を運ぶにあたって具体的かつ細かい情報を把握していることが求められます。

　ここで、先の例のように、各担当者のプロトコルが「より具体的か」「より抽象的か」について考えてみましょう。

　依頼人は、送りたい書類を用意して、それを届ける宛先を決めて、その両方を配送係に引き渡す役割をしています。「書類を運ぶ」ための具体的な方法はまったく知らなくてよい立場です。したがって依頼人のルールは、「書類を運ぶ」という点から見ると、具体的な運びかたに関与しない抽象的なルールの集まりであるといえます。

　これに対し運搬係は、刻々と変わる道路状況を見極めながら、実際に書類を相手に送り届けるという、きわめて具体的な仕事が求められます。したがって運搬係のルールは、「書類を運ぶ」という点から見ると、とても具体的なルールの集まりだといえます。

　また、配送係は依頼人と運搬係の橋渡しをする立場であり、そこに求められるルールは、「書類を運ぶ」という点から見ると、具体的なことをいくらか含む中間的なルールの集まりです。ざっと、次ページの図のような関係といえます。

抽象的

依頼人のプロトコル
・書類を用意する／書類を受け取る
・宛先を指定する／宛先を確認する
・配送係に書類を引き渡す／配送係から書類を受け取る

配送係のプロトコル
・依頼人から書類を受け取る／依頼人に書類を引き渡す
・宛先ビルへ行く運搬係を選ぶ
・運搬係に書類を引き渡す／運搬係から書類を受け取る

運搬係のプロトコル
・配送係から書類を受け取る／配送係に書類を引き渡す
・道路状況を見極めながら決められた先に書類を運ぶ

具体的

▲ 書類運搬のモデルに登場する各プロトコルとその抽象度

この例では、依頼人のプロトコル、配送係のプロトコル、運搬係のプロトコルの3つが登場しました。これらはあくまでルールですから、それを定めただけでは、実際に書類が運ばれることはありません。各プロトコルを定めたうえで、それに沿って仕事をする主体(依頼人、配送係、運搬係)があってこそ、実際に書類の運搬が実現します。

これはネットワークでも同じです。プロトコルは通信のルールを定義したものであり、それだけでは通信は成立しません。いくつかの定義されたプロトコルがあり、それに沿って通信処理をするいくつかの主体(**プログラム**)があってこそ、実際の通信が実現します。この関係も覚えておきましょう。

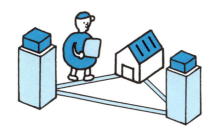

ネットワークの階層構造ってなんだろう?

ネットワークのモデル / TCP/IPモデル / OSI参照モデル

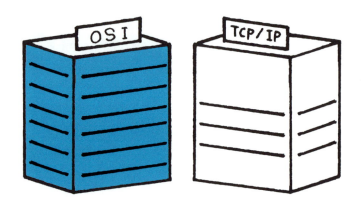

プロトコルは、「あるはたらき」を実現するための「ルール」であり、いくつか組み合わせて使うのが一般的だと説明しました。その言葉どおり、Chapter 3以前で説明した有線や無線による通信や、私たちが日常的に使っているSNSをはじめとするさまざまなアプリは、いくつかのプロトコルを組み合わせることで成り立っています。

こういったプロトコルの組み合わせを考えるとき、なにか目安になるものがあると便利です。その目安としてよく使われるのが「こんな機能を組み合わせるとだいたいうまくいく」ということを示した機能モデル、いわば、ネットワーク機能のお手本です。

その1つとして**TCP/IPモデル**が挙げられます。TCP/IPモデルでは「4種類の機能を組み合わせると、ネットワーク自体のしくみや、ネットワークを利用するシステムがうまく作れる」という考えかたをします。

▲ TCP/IPモデルの4つの階層

この図は、㊵に登場した書類運搬のモデルでの、各担当者の仕事を説明した図に少し似ています。それぞれの機能が階層的に重なり、お互いに協力して全体の機能を生み出すという点で、この図にも同じような意味があります。各階層のくわしい機能については、次項で説明します。

もうひとつ、**OSI参照モデル**もよく利用されます。OSI参照モデルでは、次ページの図のように「7種類の機能を組み合わせると、ネットワーク自体のしくみや、ネットワークを利用するシステムがうまく作れる」という考えかたをとります。そう、さらに細かく考える立場です。

TCP/IPモデルとOSI参照モデルは、どんな機能を組み合わせるとネットワークでの通信がうまくいくかを教えてくれるほか、ネットワークで通信するシステムの機能を分析したり分類したりする際の目安にも使われます。これらのモデルはさまざまな場面で登場するので、その考えかたに少しずつ慣れていくとよいでしょう。

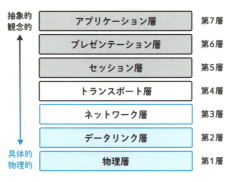

▲ OSI参照モデルの7つの階層

　さて、このようなモデルは、「機能の層」を縦に積み上げるかたちで描かれますが、その上下にもちゃんと意味があります。これらは、実は「**具体的・物理的**」な機能ほど下に、「**抽象的・概念的**」な機能ほど上にくるよう並べられているのです。

　たとえばOSI参照モデルにおいて一番下に位置する物理層では、通信に電気を使うか光を使うか、それはどれくらいの強さの信号で、どのような波形で送られるのかといった、「物理的」に存在するものに関するルールが定められます。これに対し、一番上に位置するアプリケーション層では、ウェブサイトへのアクセスやメッセージのやりとりといった、最終的にやりたいことのためルールが定められています。通信を利用するけれど、その細かい方法には一切関知しないアプリケーション層のルールは、通信の具体的な方法と正反対にある「抽象的」なルールといえます。具体的・物理的、抽象的・概念的といった言葉をこのようにとらえると、少しわかりやすいかもしれません。

　さらに別の例で説明してみましょう。DIYが得意なあなたは、まったくDIYができない友人のために、DIYのやりかたを教える資料を作ったとします。この資料では、カナヅチやのこぎりなど道具の使いかたは「工具の使いかた層」というグループに、柱の

立てかたや壁の作りかたは「パーツの作りかた層」というグループに、犬小屋や下駄箱の作りかたは「木工品の作りかた層」というグループに、それぞれまとめられています。

たとえば、のこぎりの詳しい使いかたは、「工具の使いかた層」にある「のこぎりの使いかた」にだけ書いてあり、「パーツの作りかた層」の各説明には「のこぎりで切る」としか書かれていません。同じように、詳しい柱の立てかたは、「パーツの作りかた層」の「柱の立てかた」にだけ書いてあり、「木工品の作りかた層」の各説明には「柱を立てる」としか書かれていません。このような構成にすることで、とても複雑な作業をすっきり階層的に整理しました。

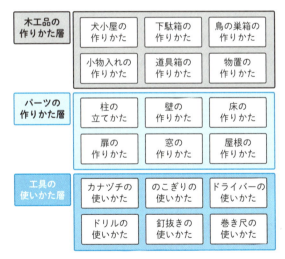

▲ 複雑な作業も階層的に整理すればすっきり

TCP/IPモデルやOSI参照モデルの「〇〇層」は、この考えかたに近く、**同じような役割を果たす同じような抽象度のプロトコルがそれぞれの層にまとめられる**ことになります。

ネットワークのモデル / **TCP/IPモデル**

42 TCP/IPモデルの4つの階層

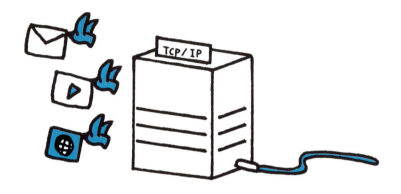

TCP/IPモデルでは、PCやスマホなど各種の機器がもっている通信機能が、4つの層の組み合わせにより成り立っていると考えます。ここで各層のもたらす機能と、その層に該当する代表的なプロトコルを見てみましょう。

・**ネットワークインタフェース層**

最も下に位置するのは**ネットワークインタフェース層**です。この層は、⑪で説明した最もシンプルな「1つのネットワーク」内の通信を可能にする役割を担います。もっとわかりやすくいうと、同じハブでつながっているコンピューター同士や、同じWi-Fiにつながっているスマホ同士が通信できるようにします。

通常、この層に該当するのは、ネットワーク機能を提供するハードウェアの規格です。たとえば有線LANの規格である**イーサネット**(コラム2 参照)や無線LANの規格であるIEEE 802.11シリーズ(通称**Wi-Fi**(コラム6 参照))がこの層に該当します。イーサネットについては、㊶でさらにくわしく説明します。

アプリケーション層	
トランスポート層	
インターネット層	
ネットワークインタフェース層	イーサネット　802.11シリーズ

同一ネットワーク内で通信できるようにする

▲ **ネットワークインタフェース層の役割と具体的なプロトコル**

・**インターネット層**

　ネットワークインタフェース層の上には**インターネット層**がきます。この層は「1つのネットワーク」の外、つまり別のネットワークと通信する役割を担います。先に説明したネットワークインタフェース層だけでは「1つのネットワーク」内でしか通信できませんが、それにインターネット層が組み合わさることで、ほかのネットワークとも通信できるようになる、ともいえます。

　インターネット層の代表的なプロトコルには **IP**(**Internet Protocol**)が挙げられます。⑱⑲⑳では、ネットワークにつながったコンピューターやネットワーク機器の住所のようなものとして**IPアドレス**を紹介しました。そのIPアドレスをたよりに、途中でデータを中継しながら、別のネットワークにあるコンピューターまでデータを送り届けるためのルールがIPには定められています。IPについては、㊹でくわしく説明します。

　このほか、本書ではくわしく説明しませんが、あるネットワークまでデータがちゃんと届くかなどをチェックするためのICMPとよばれるプロトコルもインターネット層のプロトコルです。

アプリケーション層	
トランスポート層	
インターネット層	IP　ICMP
ネットワークインタフェース層	

別のネットワークと通信できるようにする

▲ **インターネット層の役割と具体的なプロトコル**

・**トランスポート層**

インターネット層の上には**トランスポート層**が横たわります。この層は、ネットワークインタフェース層とインターネット層とで作り出されたつながりに対して、「確実に届く」「反応のよさを生かす」といった**付加価値を上乗せ**する役割を担います。

その代表的なプロトコルの1つが**TCP**(ティーシーピー)です。TCPでは通信中に発生するデータの化けや抜けを、送り直しなどの方法でカバーして、相手と確実にデータをやりとりできるようにするルールを定めています。たとえば、SNSでやりとりするメッセージが文字化けせずに届くのは、TCPのおかげです。

また、**UDP**(ユーディーピー)というプロトコルは、送り直しなどはせず、とにかく反応よくデータをやりとりできるようにするルールが定められています。

トランスポート層は、通信に付加価値を上乗せする機能をもっていますが、誰かにデータを送り届ける機能はもっていません。ではどうするかというと、すぐ下にあるインターネット層にお任せすると考えます。このようなかたちで、実際にデータを送り届けるためのルールと、それに付加価値を上乗せするルールとが、明確に区分けされているわけです。TCPについては㊻で、UDPについては㊽で、さらにくわしく説明します。

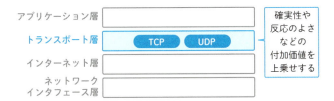

▲トランスポート層の役割と具体的なプロトコル

・**アプリケーション層**

TCP/IPモデルの最も上にくるのは**アプリケーション層**です。この層は、ネットワークを使ったアプリに必要とされる個別の通信機能を担います。たとえば、SNSならばポストの読み書きやメッセージの送受信をする機能が必要ですし、オンラインゲームなら自分の操作をサーバーに伝えたり周囲のキャラクターの動きをサーバーから受け取ったりすることが求められます。こういったことをアプリケーション層が受け持ちます。

ご存じのとおり、ネットワークを使ったアプリにはさまざまなものがあるので、アプリケーション層のプロトコルも同様にさまざまです。その一例には、ウェブサーバーにアクセスしてウェブサイトを読み出すＨＴＴＰ（50 参照）や、メールの送信を行うＳＭＴＰ（52 参照）などがあります。

▲アプリケーション層の役割と具体的なプロトコル

では、ここまでの説明を踏まえ、上下に重なった2つの層の関係を考えてみましょう。

結論からいうと、上にある層は、下にある層の機能を呼び出し利用して自層に求められる処理をするという立場をとり、下にある層は、上にある層からの呼び出しに対して求められた機能を提供するという立場をとります。

　具体的には、たとえばアプリケーション層はトランスポート層の機能を呼び出し、それを利用してアプリに必要な通信の処理をします。一方トランスポート層は、アプリケーション層からの呼び出しに対して「確実に届く通信」「反応のよさを生かす通信」を提供します。

　ここで注目したいのが、「トランスポート層はインターネット層から見ると、上にある」という点です。つまりトランスポート層は、インターネット層の提供する「ネットワークの外と通信する」という機能を呼び出し、そこに「確実に届く」「反応のよさを生かす」といった付加価値を上乗せしているのです。

　同様に、インターネット層はネットワークインタフェース層の上にあるので、ネットワークインタフェース層がもつ「1つのネットワークの中で通信する」機能を呼び出し、それを利用しながら、ネットワークの外と通信する機能を実現します。

　このように、ネットワークのモデルは、各層の機能を積み重ねることで多様なアプリが自由自在に目的に合った通信をできるようにする、という考えで作られています。

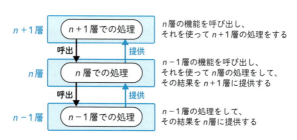

▲ 上下に重なった層同士の関係を模式的に表すと

ネットワークのモデル　　　　　　　　　　OSI参照モデル

43 OSI参照モデルの7つの階層

4 プロトコルはネットワークを支える大事なルール

　続いて、通信機能を7つの層でとらえる**OSI参照モデル**を見てみましょう。OSI参照モデルにも、TCP/IPモデルと同じように「層」とよばれるものが登場します。それがもつ意味や上下に接した層同士の関係は、TCP/IPモデルと変わりありません。

　以下の説明では、TCP/IPモデルの説明で登場したプロトコルが、OSI参照モデルではおおよそどのあたりに位置するかも示しました。それらのプロトコルはTCP/IPモデルを想定して作られているため、**OSI参照モデルにあてはめたときの位置は必ずしも厳密ではありません**が、このモデルの理解を深めるうえでの参考になればと思います。

・物理層

　OSI参照モデルの最も下にあるのは**物理層**です。この層は通信に関わるもののうち「物理的」に存在するものに関するルールを定める役割を担います。たとえば、通信に電気を使うか光を使うか、信号はどのような波形にするか、どのような強さで送るかといったことは、物理層に該当する取り決めです。また、機器同士がつながるために必要な、コネクターの形やピンの数などに関する取り決めも物理層の範疇に含まれます。

・データリンク層

　物理層の上にあるのが**データリンク層**です。この層は⑪で説明した「1つのネットワーク」のなかで通信できるようにする役割を担います。これはTCP/IPモデルのネットワークインタフェース層のはたらきと同じ説明ですが、OSI参照モデルでは物理的なことに関する取り決めを物理層に押し込み、1つのネットワークの中で通信する機能はデータリンク層として位置づけています。別のいいかたをすれば、OSI参照モデルの物理層とデータリンク層を合わせたものが、TCP/IPモデルのネットワークインタフェース層におおよそ相当する、ともいえます。OSI参照モデルとTCP/IPモデルの対応については、コラム9も参照してください。

▲ **物理層・データリンク層の役割と具体的なプロトコル**

・ネットワーク層

データリンク層の上には**ネットワーク層**がきます。この層は「1つのネットワーク」の外、つまり別のネットワークと通信する役割を担います。これはTCP/IPモデルのインターネット層とほぼ同じ役割です。また、1つ下の層で「1つのネットワーク」内の通信を担い、この層で「1つのネットワーク」の外への通信を担うかたちも、TCP/IPモデルとよく似ています。

アプリケーション層	
プレゼンテーション層	
セッション層	
トランスポート層	
ネットワーク層	IP　ICMP ← 別のネットワークと通信できるようにする
データリンク層	
物理層	

▲ ネットワーク層の役割と具体的なプロトコル

・トランスポート層

ネットワーク層の上に横たわるのが**トランスポート層**です。この層は、ネットワーク層以下で作り出されたつながりに対し、「確実に届く」「反応のよさを生かす」といった付加価値を上乗せする役割を担います。その役割はTCP/IPモデルのトランスポート層とほぼ同じです。

アプリケーション層	
プレゼンテーション層	
セッション層	
トランスポート層	TCP　UDP
ネットワーク層	
データリンク層	
物理層	

トランスポート層には「確実性や反応のよさなどの付加価値を上乗せする」

▲トランスポート層の役割と具体的なプロトコル

・**セッション層**

　トランスポート層の上には**セッション層**があります。この層は、通信開始から終了までの流れをコントロールする役割を担います。たとえば、通信の始めと終わりに、通信する機器同士が「これから通信を始めましょう」「これで通信を終わりましょう」といった意味のやりとりをするとしたら、その機能はこの層に含まれると考えられます。

・**プレゼンテーション層**

　セッション層の上にある**プレゼンテーション層**は、データの表現方法や暗号化に関する機能を担います。たとえば、アプリで使われている「犬」「いぬ」「イヌ」のように同じものを表す別々の表現を「犬」に統一して送信する場合、そのはたらきはこの層に含まれると解釈できます。よく使われるプロトコルでは、ウェブサーバーなどへのアクセスを暗号化して安全な通信を実現する**SSL**(エスエスエル)や**TLS**(ティーエルエス)などが、この層のプロトコルと考えられます。

・**アプリケーション層**

OSI参照モデルにおいても、最も上にくるのは**アプリケーション層**です。この層は、ネットワークを使ったさまざまなアプリにおいて必要とされる個別の通信機能を担います。

アプリケーション層に該当するプロトコルには、TCP/IPモデルでも紹介した、HTTPやSMTPなどのプロトコルが挙げられます。

▲ セッション層・プレゼンテーション層・アプリケーション層の役割と具体的なプロトコル

ここまで、通信機能を4つの層でとらえるTCP/IPモデルと、7つの層でとらえるOSI参照モデルの2つを紹介してきました。似ている点もあれば少し違う点もあるこの2つのモデルを、私たちはどのように使い分ければよいのでしょうか。2つのモデルの使い分けについて次のコラムにまとめたので、より深く知りたい方は読んでみてください。

コラム 9　TCP/IPモデルとOSI参照モデルの使い分け

　TCP/IPモデルとOSI参照モデルを比べたら、より層の数が多いOSI参照モデルのほうが優れているのでしょうか？　いいえ、そうとはかぎりません。

　2つのモデルを横に並べてみましょう。両者は別々に考え出されたものなので、完全に対応がとれているわけではありませんが、大雑把には下図のような関係と考えられます。図からわかるように、OSI参照モデルではTCP/IPモデルのアプリケーション層を3つの層に分けてとらえ、同じくネットワークインタフェース層を2つの層に分けてとらえています。これは、OSI参照モデルが複雑になりがちな部分をより細かい分類でとらえようとしていると見ることができます。

　このように対象をより細かくとらえるOSI参照モデルは、通信システムの機能を分析するときなどに活用されます。それに対し、4つの層でシンプルにとらえるTCP/IPモデルは、実際の通信システムやプロトコルの設計でよく用いられます。たとえば、インターネットで用いられるさまざまなプロトコルは、TCP/IPモデルを想定して作られています。

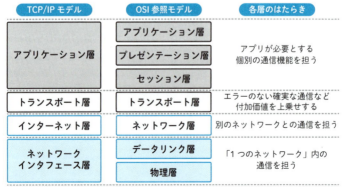

▲ 2つのモデルのおおよその対応関係

Chapter

5 代表的なプロトコルたち

この Chapter では、Chapter 4 で説明したプロトコルの全体像を踏まえて、それぞれの層を代表するプロトコルをピックアップして紹介します。さまざまなプロトコルが果たす具体的な役割や、その理解に欠かせないキーワードについて学びましょう。

代表的なプロトコル

44 IP：あらゆる端末が通信できるようにする

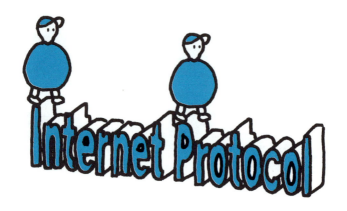

こ␣こからは、PCやスマホのネットワークでよく使われる、さまざまなプロトコルの特徴や機能を紹介します。

はじめに取り上げるのは、**IP**とよばれるプロトコルです。正式名称は **Internet Protocol** といい、その頭文字からしばしばIPとよばれます。

▲ IPはインターネット層のプロトコル

IPは、TCP/IPモデルにおけるインターネット層のプロトコルです。インターネット層は、別のネットワークにあるPCやスマホを、お互いに通信可能にするための機能やプロトコルのグループでした（㊷ 参照 ）。IPも、そのための機能を提供します。

インターネットをはじめとして、いま使われている大部分のネットワークでは、インターネット層のプロトコルとしてIPが使われています。言葉を変えると、ほぼすべてのPCやスマホがIPに対応しているともいえます。

先に説明したように、通信しようとするPCやスマホ同士は、それぞれ同じプロトコルに対応している必要があります（㊳ 参照 ）。その点でいうと、インターネット層はほぼすべての機器がIPに対応しているので、対応可否の心配はしなくてもよい状況です。

▲ ネットワークにつながるコンピューターのほとんどがIPに対応する

さてこのIPですが、使われるデータの形式や動作の様子をすべてキッチリ説明しようとすると、とても長く複雑で難しい内容になってします。そこで、キーワードを「**IPパケット**」「**IPアドレス**」「**ルーティング**」の3つに絞り込んで、ポイントをかいつまんで説明することにします。

代表的なプロトコル　　　IPパケット　IPアドレス　ルーティング

IPの3つのキーワードを確認しよう

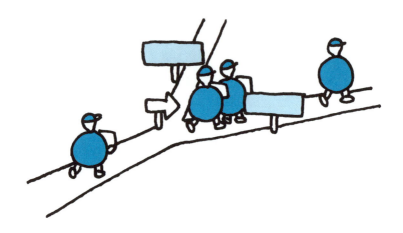

1つめのキーワードは**ＩＰパケット**です。「パケット」という言葉はどこかで耳にしたことがあるかもしれません。英単語のPacketには小包という意味があります。そこから転じて、ネットワークの世界では、**決まった大きさに切りそろえられた、ひとかたまりのデータ**のことを**パケット**とよびます。

たとえば、大きな画像データがあるとき、それはまとめて一気に送られるのではなく、一定のサイズのパケットに小分けにして送られます。小さい画像データの場合も同様です。こうすることで、データの大小にかかわらず、ネットワークは一定サイズのパケットをひたすらやりとりすればよいように作られています。IPが取り扱うこのようなパケットのことを、**IPパケット**と呼びます。

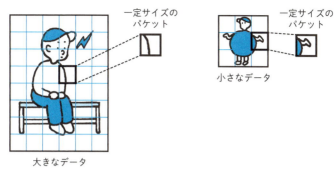

▲ データをパケットに小分けにするイメージ

2つめのキーワードは**IPアドレス**です。IPアドレスの形式は⑳で説明しました。ここで再び登場するのは、IPアドレスが、IPのはたらきで大きな役割を果たしているからです。そのキモは、各機器に割り当てられたIPアドレスは、⑪で紹介したような「1つのネットワーク」がいくつもつながりあった全体で見ても、それぞれ被らずに別々の値になっているという性質です。この性質のおかげで、特定の相手に情報を送るときに、宛先として使えるのです。

具体的には、IPアドレスはその内部にネットワーク部とホスト部があり、ネットワーク部で「どの"1つのネットワーク"か」を、ホスト部で「その"1つのネットワーク"内のどの端末か」を、それぞれ識別できるようになっています。つまり、1つのIPアドレスで、どのネットワークの、どの端末かを指し示せるように作られている、というわけです。別々のネットワークにあるPCやスマホがお互いに通信できるようにするIPにおいて、これはとても重要なポイントです。

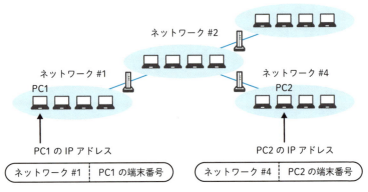

▲ 別のネットワークにあるコンピューターもIPアドレスで指定できる

　たとえば、ある仲良しグループのなかでお互いをニックネームで呼び合うことは、なにも問題ありません。しかし、いくつもの仲良しグループが集まったときに、グループ内のニックネーム、たとえば「けいくん」「かずちゃん」のような名前だけで呼び合うと、ほかのグループの人とニックネームが被る可能性が出てきます。その場合、「〇〇グループのけいくん」「××グループのかずちゃん」のように、グループ名まで含めて呼べば、被る心配はなくなります。IPアドレスでも、これと同じような考えかたが使われています。

　3つめのキーワードは**ルーティング**です。⑪でも触れたように、「1つのネットワーク」同士のあいだで、必要に応じて情報を転送することをルーティングといいます。IPの機能は、ズバリ、別々のネットワークにあるPCやスマホをお互いに通信可能にすることですから、このルーティングの機能は絶対になくてはならないといっても過言ではありません。

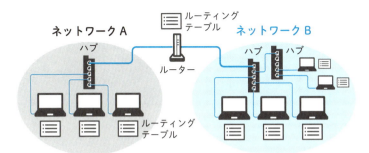

IPの機能をもつ機器であれば、ルータにかぎらず
PCなどでもルーティングテーブルが使われる

▲ さまざまな機器のルーティングテーブル

　ルーティングをコントロールするために、**ルーティングテーブル**というものが使われます。これは一覧表のかたちをした情報で、そのなかには「○○宛はポート××に送る」「○○宛はポート××につながっている△△に送る」といった覚え書きがズラリと書かれています。IPパケットは、このルーティングテーブルの内容に沿って転送されていき、最終的に、宛先として指定したIPアドレスをもつコンピューターに送り届けられます。

　ルーティングテーブルは、ネットワークとネットワークのあいだでIPパケットを転送するルーターにおいて、大きな役割を果たしています。また、あまり意識することはありませんが、PCやスマホなどの端末でもルーティングテーブルが使われており、IPパケットの通信処理に使われています。

　これら3つの要素がそれぞれ大切な役割を果たしながら、IPというプロトコルは、ネットワークにつながるすべてのコンピューター同士が自由に通信することを可能にしています。

代表的なプロトコル　　　　　　　　　　　　　TCP／伝送制御プロトコル

46 TCP：信頼性の高い通信を実現する

次に取り上げるのは、**TCP**です。TCPもまたIPと並んで重要な役割を果たしているプロトコルの1つです。正式名称は**Transmission Control Protocol**といい、その頭文字からTCPとよばれています。日本語で**伝送制御プロトコル**とよばれることもあります。

| アプリケーション層 |
| トランスポート層 | — TCP (Transmission Control Protocol) |
| インターネット層 | 信頼性の高い通信を実現！ |
| ネットワークインタフェース層 |

▲ TCPはトランスポート層のプロトコル

TCPはトランスポート層のプロトコルです。トランスポート層には、アプリが求める通信の特性を実現するプロトコルが含まれます。この層に該当するプロトコルはいくつかありますが、そのうちTCPは「通信の信頼性を高める」はたらきをします。

　通信の信頼性が高いとは、どのようなことを指すのでしょうか。シンプルにいえば「**送ったものが、そっくりそのまま、確実に届く**」ということです。たとえば、「やり取りしている途中でデータが消える」「同じものがダブる」「順番が入れ替わる」「内容が書き換わる」などのトラブルが発生したら、それをカバーするようにはたらいて、可能なかぎり送られたものがそのまま送り届けられるよう努力します。これがTCPの役割です。

　コンピューターのネットワークでそんな間違いが起きるの？と思った人もいるでしょう。はい、起きます。もちろん頻繁ではありませんが、有線または無線のネットワークでやりとりする情報は、周囲で発生している雑音や通信状態の変動などが原因で、ときどきデータが書き換わったり消えたりします。
　そのような状況をカバーして、送ったものがそのまま確実に届く状況を作り出している立役者の1人が、このTCPなのです。

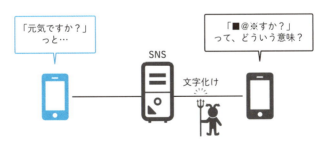

▲ 文字化けすると意味が伝わらない

大切な役割を果たすTCPは、大部分のアプリで利用されています。たとえば、SNSでのメッセージのやりとりで、一部のメッセージが届かなかったり、文字が化けてしまったりすることが常態化していたら、そのSNSは使いものになりません。このことだけ考えてみても、TCPがさまざまなアプリで必要とされることを想像できるでしょう。

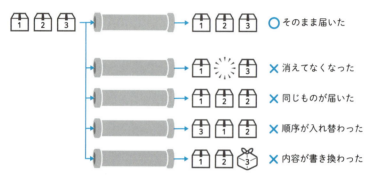

▲ コンピューターのネットワークで起こる間違いの例

　ところで、㊷で「TCP/IPモデルの重なっている2つの層は、上にある層が下にある層の機能を呼び出して利用しながら、自身（自層）の処理を進める」ことを説明しました。トランスポート層の下にはインターネット層があるので、トランスポート層はインターネット層の機能を呼び出して使うことになります。つまり、**TCPはIPの機能を呼び出して使う**、ということです。

　IPはあらゆるPCやスマホがつながるようにしてくれるので、その恩恵を活用しながら、TCPはさらに通信の信頼性を高めています。この2つの優れたプロトコルの組み合わせは**TCP/IP**とよばれ、ほとんどのコンピューターがこれに対応しています。

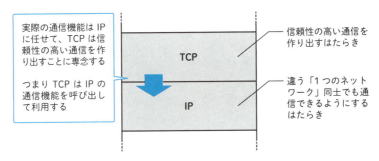

▲ TCPはIPの機能を呼び出して使う

　TCPに関しても3つのキーワードに絞り込んでポイントを説明しましょう。それは「**シーケンス番号**」「**肯定確認応答**」「**再送**」です。なにやら難しそうに見えますが、その意味は決して難しくないので安心して読み進めてください。

| 代表的なプロトコル | シーケンス番号 | 肯定確認応答 | 再送 |

47 TCPの3つのキーワードを確認しよう

　TCPにおいて通信の信頼性を高める際に**シーケンス番号**が大きな役割を果たします。シーケンス番号とは、シンプルにいうと、データにつけた1、2、3……のような順に大きくなる番号のことです。

　データに番号をつけると、データを受け取る人は、「途中で抜け落ちたものがあるかないか」「ダブって届いたものがあるかないか」「途中で順序が入れ替わったものがあるかないか」などがわかります。そして、データが抜け落ちていたら再び送ってもらい、同じものがダブっていたら一方を捨て、順番が入れ替わっていたら並びを戻すことで、通信中に起きたトラブルに対処できるようになります。

シーケンス番号は「**送ったものが、そっくりそのまま、確実に届く**」ことを目指すTCPにとって、大変重要なアイディアです。

▲ シーケンス番号があるとトラブルを見つけやすい

肯定確認応答（こうていかくにんおうとう）は、わかりやすく言い換えれば「届いたよ、ありがとう連絡」です。たとえば、誰かに大事な書類を送ったとき、相手から「届いたよ、ありがとう」と連絡がくれば、自分から送ったものが無事に相手へと届いたことが確実にわかります。

TCPはこの考えかたを基本ルールとして採用し、送ったデータを相手が正しく受け取ったかどうかわかるようにしています。肯定確認応答は **ACK**（アック）(Positive Acknowledgement) ともよばれます。

たびたびなにかを送るようなケースでは、毎回毎回「届いたよ、ありがとう連絡」がくると、わずらわしい場合もあります。そのときは、たとえば、受け取った3つぶんをまとめて「3つ届いたよ、ありがとう」と1回だけ連絡したりします。TCPもこれとよく似ていて、いくつか受け取ったものをまとめて「届いたよ、ありがとう連絡」をすることがあります。

このときも、シーケンス番号が威力を発揮します。たとえば3つ届いたとき、シーケンス番号が1、2、3だったならば、それらの3つは抜けなく順序どおりに届いたと考えられるので、「3つ届いたよ、ありがとう」と連絡できます。

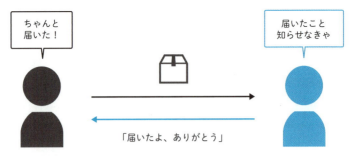

▲ 肯定確認応答は「届いたよ、ありがとう」の連絡

　一方、届いたものが1、2、4ならば、途中の3がまだ届いていないとわかるので、「3つ届いたよ、ありがとう」とは連絡せず、しばらく待ってなにも来なければ「3が届いていないよ」と連絡できます。このあたりの話は、次の「再送」に関係してきます。

　「送ったものが、そっくりそのまま、確実に届く」ことを目指すTCPでは、途中でなくなってしまったデータや、内容が書き換わってしまったデータがあることがわかると、シンプルに「もう一度送ってもらう」ことで解決を図ります。これを**再送**とよびます。このようなトラブルは偶然に発生するものですから、もう一度送ってもらえばほとんど解決します。

　では、データが途中でなくなってしまったことをどうやって見つけ出すのでしょうか。それにもシーケンス番号が使われます。受け取ったデータの中に抜けているものがあり、それがしばらく届かなければ、途中でなくなってしまったと考えて再送してもらうのです。

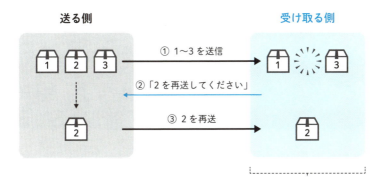

足りないものを再送してもらうことですべてを取りそろえる

▲ シーケンス番号を使ってデータに抜けがないかチェックする

　また、通信中のエラーで内容が書き換わっていないかどうかについては、データの正しさをチェックするための値(**チェックサム**と呼ばれます)を使って、書き換えの発生有無を確認します。その結果、書き換えが発生していると判定されたら、そのデータは正しく届いていないので利用せずに捨ててしまい、同じものを再送するよう相手に依頼します。

　このようなルールに従って、TCPは「送ったものが、そっくりそのまま、確実に届く」ことを実現しています。TCPは、実用的なネットワーク構築において、とても重要な役目を果たしています。

代表的なプロトコル　　　　　　　　　　　　　　　　　　　　UDP

48 UDP：反応のよい通信を実現する

続いて **UDP** を見てみましょう。UDPは、正式名称を **User Datagram Protocol** といいます。

UDPもトランスポート層のプロトコルです。同じトランスポート層に属するTCP（46 参照）は、いろいろな工夫をこらすことで通信の信頼性を高めるはたらきをするものでした。それに対しUDPは「**なるべくなにもしないことで反応のよさを引き立たせる**」のがウリです。

```
アプリケーション層
トランスポート層    ─ UDP (User Datagram Protocol)
インターネット層    反応のよさ、処理の軽さが特徴！
ネットワークインタフェース層
```

▲ UDPはトランスポート層のプロトコル

 ほとんどの場合、UDPはIPと一緒に使われます。この点はTCPと同じです。違うのは、TCPが再送などを行ってデータをキッチリ整えてからアプリに引き渡すのに比べ、UDPは受け取ったデータをそのまますぐにアプリへと引き渡す点です。

 反応のよさが最大の特徴であるUDPは、TCPのように通信の信頼性を高めることをしない代わりに、動画配信やオンラインゲームなど、レスポンスのよさや処理の軽さを必要とする用途で使われます。

 そのイメージをもう少しわかりやすく示したものが、次ページの図です。信頼性の高い通信を目指すTCPは、途中のデータが届かないとき、そのデータを「再送」してもらって、すべてのデータを揃えます。

 たとえば1、3、4とデータが届いたら、1はすぐにアプリへ渡せますが、2がまだ届いてないので、3と4はアプリに渡さず、しばらくTCPのなかでキープしておきます。そして2の再送を依頼して、それが届いたら、やっと2、3、4と順にアプリに渡します。

 こうすることで、データは抜けなく順番どおりに届くのですが、3と4のデータをアプリが受け取るのは、データが届いたときよりかなり「遅れ」ることになってしまいます。

これに対しUDPは、1、3、4と届いたら、すぐそのままアプリに渡してしまいます。そのため、いずれのデータも大幅に遅れることがありません。これがUDPで「遅れ」が発生しにくい理由です。相手と自分の反応が結果を大きく左右するオンラインゲームなどでは、この点が非常に重要な意味をもちます。

　その一方で、2のデータは抜け落ちたままですから、そのような状況が起きても構わないか、または、データの抜け落ちを別の方法でフォローできることが、UDPを利用するうえでの条件になります。

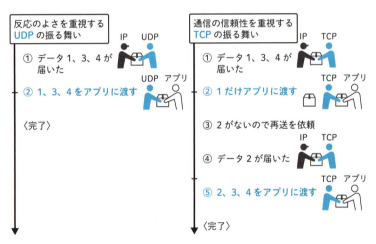

▲ UDPとTCPの動作イメージ比較

　さて、このようなUDPは、通信を始めるときの作法として**コネクションレス型**を採用しており、またTCPは**コネクション型**を採用しています。次に、この2つのキーワードを掘り下げてみましょう。

コラム|10　IP電話・インターネット電話

IP電話、あるいは**インターネット電話**とよばれる電話サービスがあります。これらの電話サービスは、一般に「イエデン」とよばれる従来の固定電話に代わるものとして使われたり、携帯電話の第2の電話機能として使われていたりします。サービスによって、つながりやすさや音質に違いがありますが、いずれも声で情報を伝えるという電話の特徴はそのままです。そのため、固定電話や携帯電話との違いをあまり意識せず、普通の電話のように利用されることが多いかもしれません。

ここでは、インターネット接続回線を介して利用するこれらの電話サービスを3つに分類して、その違いを見てみることにしましょう。

・050で始まる番号のIP電話サービス

1つめは、サービス利用者に「050から始まる電話番号」が与えられる電話サービスです。一般にIP電話というと、このタイプのサービスを指すことが多いようです。

050で始まる番号にダイヤルすると、その番号が割り当てられた電話につながります。また、その電話から通常の方法で固定電話や携帯電話に電話をかけることもできます。利用に当たっては、固定電話で使うなら専用のアダプタを取りつけ、スマホで使うならIP電話アプリをインストールするのが一般的です。

このような電話サービスでは、音声を数値データに変換しIPネットワークで伝える技術(**VoIP**)を利用しています。そのため、インターネットにさえつながっていれば、電話のための回線を引かなくても電話サービスを利用できます。また、同じ事業者のサービスを利用している電話同士は、無料で通話できるケースが

多いという長所もあります。ただし、110や119など、一部の番号にかけられないサービスが多いようです。

イメージとしては、050番号のためのネットワークがインターネットを使って作られていて、従来の電話網と相互に乗り入れているようなもの、と考えることができます。

・**通常の市外局番で始まる番号のIP電話サービス**

2つめは、サービス利用者に「03や06など市外局番から始まる電話番号」が与えられる電話サービスです。このような電話サービスは、従来の固定電話とほぼ同じ内容で提供されることが多く、通信状況は安定していて、110や119などにもかけられます。たとえば、ひかり電話と呼ばれるものがこれに該当します。

このタイプの通話サービスでも、VoIP技術が大きな役目を果たします。050から始まるサービスとの違いは、光回線を通して送られてきた音声データが、インターネットを介さずに、直接、固定電話網に送り込まれる点です。なおNTTは、2024年中に固定電話網そのものもVoIP技術を使ったものに切り替えました。

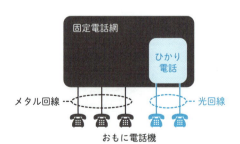

▲ **通常の市外局番で始まる番号の IP電話サービスのイメージ**

・**専用アプリで通話するサービス**

3つめは、SNSアプリなどにより通話機能を提供するものです。LINEやFacebookメッセンジャーなどの通話機能がその代表例です。このようなサービスは、通常、利用者に電話番号は与えられず、従来の電話サービスとはまったく独立して提供されます。そのため同じアプリを使う者同士での通話が中心となります。ただし、オプションを利用することで、固定電話や携帯電話に電話をかけたり、それらから電話を受けたりできることもあります。ほかの2つと同じく、このタイプのサービスもVoIP技術を利用しています。

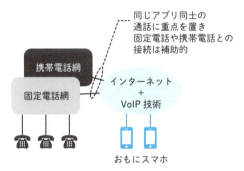

▲ 専用アプリで通話するIP電話サービスのイメージ

このように、IP電話やインターネット電話とよばれるものは、そのタイプによって提供方法、かけられる相手、料金体系が違います。それを理解したうえで使い分けるとよいでしょう。

代表的なプロトコル　　　　　　　コネクション型　コネクションレス型

49 「コネクション型」と「コネクションレス型」を理解しよう

　どのように通信を始めるかの違いによって、コンピューターの通信は**コネクション型**と**コネクションレス型**に分類されます。理解を深めるため、これをほかのものに例えてみましょう。

　私たちは誰かに連絡したいとき、電話をかけたり手紙を書いたりします。電話では、おそらく「もしもし」で話を始め、「いま話していい？」と相手の都合を聞いて、それから本題に入るでしょう。相手が出なかったり、忙しかったりするようなら、本題に入らず、いったん切って、あとでかけ直すに違いありません。

一方、手紙の場合はどうでしょうか？　手紙では、事前に相手の状況を確認することはしません。葉書や便せんなどに用件を書き記して、それをポストに投函するだけです。出す人は、相手が都合のよいときに読んでくれるだろうと期待しますが、必ずそうしてもらえるとはかぎりません。

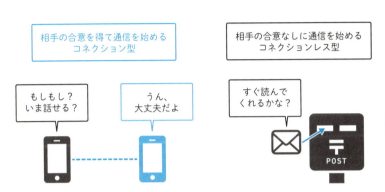

▲ コネクション型とコネクションレス型のイメージ

　この2つを比べてみると、相手が聞いてくれる状態であることを確認してから用件を伝える電話は、「伝える」ことの確実性がより高いといえます。それに対し手紙は、その内容が確実に伝わる確約はないものの、相手の状況を確かめる手間が不要で、自分のペースですぐ投函できるのが特徴です。

　コネクション型とコネクションレス型の違いは、この話と大変よく似ています。**電話に相当するのがコネクション型**で、相手とまず**コネクション**(接続)を確立してからデータを送り始めます。これに対し、**手紙に相当するのがコネクションレス型**です。コネクションレス型では、相手とのあいだでコネクションを確立することなく、いきなりデータを送ります。

　これまでに説明したプロトコルのうち、TCPはコネクション型を、UDPとIPはコネクションレス型を、それぞれ採用しています。

代表的なプロトコル / HTTP

50 HTTP：ウェブサーバーにアクセスする

　ウェブサイトにアクセスするとき、PCやスマホとサーバーのあいだでは **HTTP**(エイチティーティーピー) とよばれるプロトコルが使われます。HTTPの正式名称は **Hypertext Transfer Protocol** といいます。

　HTTPはアプリケーション層のプロトコルです。アプリケーション層は、アプリごとに違うさまざまな通信機能を担当しますが、HTTPはそのうち、ウェブブラウザ※37とウェブサーバーとのやりとりのために作り出されました。なお、HTTPと双子のような関係のプロトコルに **HTTPS** があります。こちらは暗号化を

※37　ウェブブラウザとは、ウェブサイトを閲覧するために使うソフトウェアです。Microsoft Edge、Google Chrome、Mozilla Firefox、Safariなどが代表例です。

併用して、HTTPの機能をより安全に利用できるようにしたものです。

▲ HTTPはアプリケーション層のプロトコル

HTTPでは、文字（英字、数字、記号、各国語を含む）、画像、写真、音楽、音声、動画など、PCやスマホに保存できる形式のほとんどのデータをやりとりできます。そのような特徴から、ウェブサーバーへのアクセスだけでなく、スマホのSNSアプリとサーバーとのやりとりなどにも幅広く使われています。HTTPでは通常、トランスポート層のプロトコルとして信頼性の高いTCPが使われます。

ここでは、**リクエスト**と**レスポンス**、URI／URL／URN、HTMLをキーワードにしてポイントを説明しましょう。

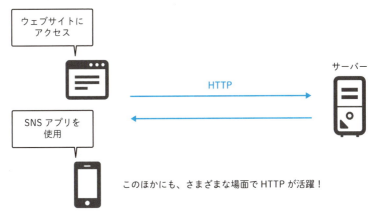

▲ 幅広く使われているHTTP

代表的なプロトコル　　　　　　　　リクエスト／レスポンス　URI　HTML

51 HTTPの3つの キーワードを確認しよう

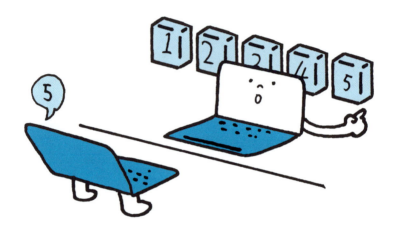

HTTPでは、やりとりするコンピューターを2種類想定しています。1つは**サーバー**、もう1つが**クライアント**です。

サーバーは「サービスを提供するコンピューター」です。ほかのコンピューターからの**リクエスト**をネットワーク経由で受け付け、求められた処理を実行して、得られた結果が含まれたレスポンスをネットワーク経由で送り返します。

クライアントは「サーバーになんらかの処理をリクエストする立場のコンピューター」です。クライアントは、リクエストの結果を**レスポンス**として受け取り、それを人間にわかるように表示したり、別の処理の入力データとして活用したりします（㉑ 参照 ）。

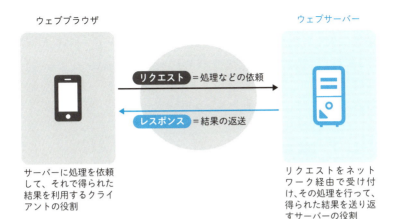

▲ リクエストとレスポンス

 たとえば、スマホでウェブサイトを見たいときはウェブブラウザを使いますが、これはクライアントにあたります。私たちがウェブブラウザを使ってあるページを表示しようとすると、ウェブブラウザはウェブサーバーに対して、ページを読み出すリクエストを送ります。リクエストを受け取ったウェブサーバーは、保存されている情報のなかからリクエストされたページを探し出したり、プログラム処理でデータを作り出したりして、その結果をウェブブラウザに向けてレスポンスとして返送します。レスポンスを受け取ったウェブブラウザは、そのページを端末の画面に表示します。

 ここで重要なのが、**リクエストを出すのはいつもクライアントから**という点と、**1つのリクエストには1つのレスポンスを返してその処理が完結する**という点です。アプリケーション層のプロトコルのなかには、1つの処理が終わるまで何度もやりとりするものがありますが、HTTPは1つのリクエストに1つのレスポンスを返して処理が終わります。複数のやりとりが必要なときは、それを繰り返し行います。

なお、リクエストとレスポンスのそれぞれには、**ヘッダ**とよばれる補足情報が含まれます。たとえば「パスワードで保護されたページにアクセスするためのIDやパスワード」は、リクエストに含まれるヘッダの一例です。また「データを読み出した日時」は、レスポンスに含まれるヘッダの一例です。

　続いて、**URI**（ユーアールアイ）／**URL**（ユーアールエル）／**URN**（ユーアールエヌ）という3つのキーワードを見てみましょう。この3つの言葉はどれもURから始まり、最後の1文字だけが違います。そのことから想像できるとおり、これら3つは同じ仲間の言葉です。ひとことでいえば、URLというものと、URNというものがあり、その両方をまとめてURIとよぶ、という関係にあります。このうちURLは、ネット上での情報のありか（所在する場所）を示すもので、一般にホームページアドレスとよばれているものがこれに該当します。HTTPで情報をリクエストするとき、このURLを使って「どこにある情報か」を指定します。

　なお、URLの内部は複数の部分に分かれていて、たとえばホームページを指し示すものなら、スキーム、ホスト名、パスなどの部分から構成されています。

　もう1つのURNは、ネット上で情報を特定する番号（名称）を示すものです。URLとの違いは、たとえば友人からオススメの本を教えてもらうときに「××図書館のパソコンコーナーの上から3段目の棚の左から2番目にある本だよ」と場所を教えてもらうか（≒URL）、「ISBNが○○○○○○の本だよ」と本ごとに割り当てられている個別の番号で教えてもらうか（≒URN）の違いのようなものだと考えるとわかりやすいかもしれません。URLとURNの具体例は、次ページの図を参照してください。なお、普通にインターネットを使っていて、URNを目にすることは多くありません。

URI
Uniform
Resource
Identifier

URL（Uniform Resource Locator）
ネット上での情報のありかを示すもの
例）https://www.ohmsha.co.jp/sitemap.htm

URN（Uniform Resource Name）
ネット上で情報を特定する番号や名称を示すもの
例）URN:ISBN:978-4-274-23182-7

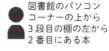 図書館のパソコンコーナーの上から3段目の棚の左から2番目にある本

 ISBNが○○○○○○○の本

(URL 各部分の名称)

https://www.ohmsha.co.jp/sitemap.htm
　スキーム　　ホスト名　　　　パス

(スキームの一例)

http　　HTTPで通信することを表す
https　HTTPSで通信することを表す

▲ URI／URL／URN

3つめの **HTML** は、ウェブサイトを作るときに使われる「書きかたのルール」で、**HyperText Markup Language** の頭文字から名づけられました。HTMLでは、<>で囲まれた**タグ**を使って、「これは大見出しです」「ここに画像を入れます」といった指示を埋め込みます。ウェブブラウザはこのような情報をウェブサーバーから受け取り、解釈・整形して、PCやスマホの画面に表示します。HTMLで書かれたファイルはHTMLファイルとよばれます。HTTPは、このようなHTML形式の情報をはじめ、画像、音声、動画などさまざまな情報を取り扱うことができます。

▲ HTMLファイルとブラウザでの見えかたの例

代表的なプロトコル　　　　　　　　　SMTP　コマンド　レスポンス

52 SMTP：メールの送信と転送を行う

　PCやスマホで電子メールをやりとりするとき、その裏ではいくつかのプロトコルが使われています。ここでは、まずメールの基本的なしくみを理解し、そのうえで、各部に使われているプロトコルを紹介します。そして、そのうちの1つである**ＳＭＴＰ**にスポットを当てて、そのやりとりがどのようなものか簡単に説明します。なおSMTPはアプリケーション層のプロトコルです。

　電子メールに使われるプロトコルを説明する前に、まず電子メールの基本的なしくみについて触れておきましょう。

| アプリケーション層 | ─ SMTP (Simple Mail Transfer Protocol)
| トランスポート層 | メールサーバにメールを送り届ける
| インターネット層 | ためのプロトコル
| ネットワークインタフェース層 |

▲ SMTPはアプリケーション層のプロトコル

　ある人からある人へ送られたメールは、次のような流れで送り届けられます。まず送信者は、使用するスマホやPCなどでメールを作成し、それを自分が契約する「サーバーA」に送ります。「サーバーA」は、メールの受信者が契約している「サーバーB」にメールを転送します。転送されてきたメールを受け取った「サーバーB」は、そのメールを受信者のメールボックスに入れます。そして、受信者はスマホやPCで「サーバーB」に接続して、自分のメールボックスに届いた新着メールを読み出す、といった具合です。

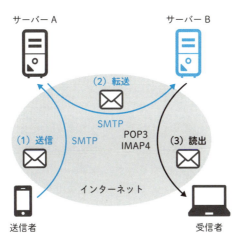

▲ メールが届くしくみ

この一連の流れを整理すると、電子メールのやりとりでは、以下の3つのステップが存在することがわかります。

(1) **送信**：送信者のPCやスマホからサーバーにメールを送る
(2) **転送**：サーバー間でメールを転送する
(3) **読出**：受信者のPCやスマホでサーバーのメールを読み出す

　電子メールでは、これらのステップごとにいくつかのプロトコルを使い分けています。具体的には、「**サーバーにメールを送り届ける**」ことを行う(1)と(2)では、この項のテーマであるSMTPというプロトコルを使用します。また、「**メールボックスに届いたメールを読み出す**」ことを行う(3)では、**POP3**(53)または**IMAP4**(54)を使用します。

　次にSMTPの「コマンドとレスポンス」について説明します。SMTPのはたらきは「サーバーにメールを送り届ける」ことです。それを実現するため、メールを送り出すコンピューター(PC、スマホ、またはサーバーなど)と、それを受け取るサーバーとのあいだで、次ページの図のようなやりとりが行われます。このうち、サーバーへの呼びかけを**コマンド**、それに対するサーバーの応答を**レスポンス**とよびます。
　次ページの図では、太字の日本語でその意味を示し、細字で実際のコマンドやレスポンスがどのようなものかを示しました。
　クライアントは、まずサーバーにあいさつを投げかけます。サーバーがそれに反応してくれたら、メールを送信する人のアドレスと、メールを受信する人のアドレスを、順にサーバーへと伝えます。それらをサーバーが受け取ったら、メール本体をサーバーに送り、最後に終了することを伝えます。

これを見るとわかるとおり、SMTPと呼ばれるプロトコルはとてもシンプルなものです。それはプロトコルの名前にも現れていて、**Simple Mail Transfer Protocol**の頭文字からSMTPとよばれています。

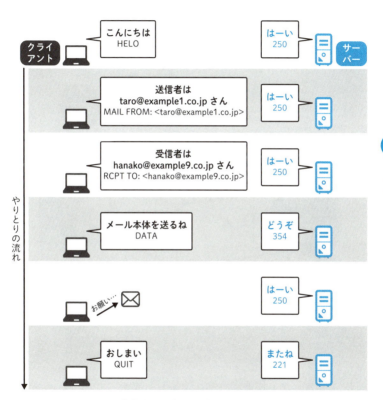

▲ SMTPでメールを送信するときのやりとり（抜粋）

代表的なプロトコル　　　　　　　　　　　　　　　POP

POP3：サーバーに届いたメールを取り出す

　る人が送信したメールは、52で説明したような流れで相手のメールボックスに届きます。そして、メールを読み出すためのプロトコルにより、サーバーからPCやスマホに読み出され、その内容が端末の画面に表示されます。この最後の部分、つまりメールボックスからメールを読み出すところのプロトコルには、POP3またはIMAP4が使われます。この2つを上手に使い分けるには、それぞれの特徴を知っておくことが肝要です。

　この項では、まず両者の違いについて理解を深め、続いて、**POP3**(Post Office Protocol Version 3)について説明します。POP3もアプリケーション層のプロトコルです。

アプリケーション層	◀ POP3 (Post Office Protocol Version 3)
トランスポート層	メールボックスに届いたメールを
インターネット層	読み出すためのプロトコル
ネットワークインタフェース層	メールはPCやスマホに保存される

▲ POP3はアプリケーション層のプロトコル

　メールボックスからメールを読み出す2つのプロトコルを理解するためのキーワードは**メールを蓄えておくところ**です。多くの場合、受信したメールは、それを1度読んだら終わりとはならず、必要に応じて読み返すことになります。そのため、受信したメールはどこかに蓄えておかなければなりません。その場所には次の2つが考えられます。

（1）サーバーから取り出してPCやスマホに蓄えておく
（2）サーバーのメールボックスにそのまま蓄えておく

　この2つの方式には、それぞれ長所と短所があります。（1）は、メールがPCやスマホのなかに蓄えられているので、インターネット接続とは関係なくいつでもメールを読むことができます。
　これに対し（2）は、サーバー内のメールをインターネット経由で読み出すので、原理的には、メールの読み出しにインターネット接続が不可欠です。また、（2）は、スマホでもPCでもサーバーにアクセスすれば常に自分のメールを読めるので、自宅ではPCで、外出先ではスマホで、それぞれメールを読む、といった使いかたが簡単にできます。しかし、（1）でそれをやろうとすると簡単ではありません。

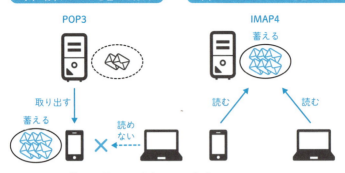

▲ メールを蓄える場所が違う2つの方式

　POP3は、このうち（1）を採用しています。そのため、ネットにつながっていないときにもメールを読める便利さがある反面、PCとスマホで同じメールボックスを見たい場合には向きません。もしPCとスマホで同じメールボックスを見たい場合には、（2）を採用しているIMAP4（次項を参照）を利用すべきです。

　それでは、次にPOP3でサーバーと端末がどのようなやりとりをするのか簡単に見ておきましょう。次の図はその一例です。太字の日本語でその意味を、細字で実際のコマンド（クライアント→サーバーの依頼）やレスポンス（サーバー→クライアントの応答）を、それぞれ示しています。

　POP3では、まず、ユーザ名とパスワードをやりとりして利用者本人であることを確認します。その後、メールの一覧を取り寄せたり、メールの内容を取り出したり、不要なメールをサーバーから削除したりします。メールソフトは、このようなやりとりをしてサーバーからメールを取り出し、それをPCやスマホに蓄えてから、ユーザが自由に読めるよう表示しています。

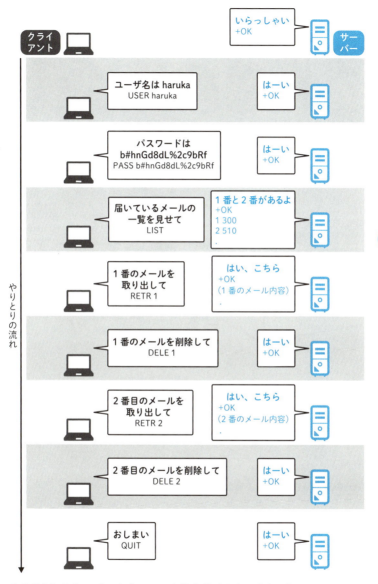

▲ POP3でサーバーからメールを取り出すときのやりとり

代表的なプロトコル　　　　　　　　　　　　　　　　　IMAP

54 IMAP4：サーバーに蓄えたメールを閲覧する

　メールボックスからメールを読み出すプロトコルにはPOP3とIMAP4の2つがあり、それぞれの特徴を理解して使い分けることが大事です。ここでは、後者の**IMAP4**(アイマップフォー)(Internet Message Access Protocol Version 4)について簡単に説明します。

アプリケーション層	IMAP4 (Internet Message Access Protocol Version 4)
トランスポート層	メールボックスに届いたメールを読み出すためのプロトコル メールはサーバーに保存される
インターネット層	
ネットワークインタフェース層	

▲ IMAP4はアプリケーション層のプロトコル

IMAP4のやりとりはPOP3のようにシンプルではなく、むしろ、たくさんあるプロトコルのなかでもかなり複雑なものに分類されます。そこでここでは「**端末の交換との関係**」「**空き容量との関係**」「**キャッシュ**」という3つのキーワードからIMAP4への理解をさらに深めることにしましょう。

　最初のキーワードは「**端末の交換との関係**」です。メールの読み出しにPOP3を使って端末内にメールを蓄えている場合、老朽化や契約満了などで端末を交換するとき、端末内に蓄えたメールをなんらかの方法で新しい端末に移行させる必要があります。これに対し、使用するプロトコルがIMAP4で、サーバーにメールを蓄えているのであれば、新しい端末からサーバーにアクセスするだけで、これまでに受け取ったメールを読むことができます。これはIMAP4がもたらす現実的なメリットの1つです。

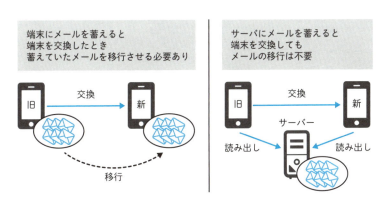

▲ 端末の交換との関係

　次に「**空き容量との関係**」について考えてみましょう。メールを蓄えるには、それを格納しておくスペースが必要です。そして、蓄えたメールが増えれば増えるほど、そのために要するスペースは大きくなります。

端末にメールを蓄えるPOP3は、メールを蓄えるたびに端末の記憶容量を消費するので、それが増えれば増えるほど、端末の空き容量が減っていく運命にあります。もともと、メールは文字が中心なので、1通のメールが占める容量はわずかなものです。しかし、その数が増えた場合や、写真や動画を添付したメールが多数あるような場合には、蓄えたメールが占める容量も馬鹿にならない大きさになります。

　これに対し、サーバーにメールを蓄えるIMAP4は、メールを蓄えるたびにサーバーの記憶容量を消費します。そのため、蓄えたメールが増えても、端末の空き容量はあまり減りません。空き容量があまり大きくない端末を使っていても、たくさんのメールを蓄えることができます。

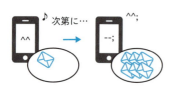
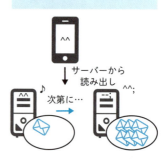

▲ **空き容量との関係**

その一方で、たくさんのメールを蓄えすぎてサーバーの契約容量を超えてしまうと、新しく届いたメールを保存できず、メールの受信エラーが発生するなどのトラブルも起きます。そうなったときには、サーバー内のメールをPCなどに保存してサーバーから削除したり、契約容量を増やしたりするなどの対処が必要です。

　サーバーにメールを蓄えるIMAP4では、メールを読み出すたびにネットワーク経由でサーバーにアクセスする必要があり、その動作はモッサリしたものになりがちです。そうなることをなるべく避けるため、IMAP4では、一度サーバーから読み出したものを一時的にPCやスマホのなかに保存しておき、サーバーにアクセスする代わりにそれを利用して、モッサリした動作にならないような工夫がなされます。こうすることで、メールの読み出し動作が軽くなり、さらには、一度読み出したメールであればインターネット接続がなくても読めるようになります。

　その際に「一時的に端末のなかへ蓄えた情報」やそれを蓄える場所のことを、**キャッシュ**とよびます。このキャッシュのつづりは **cache** で、現金を意味するキャッシュ（cash）とは別の言葉です。

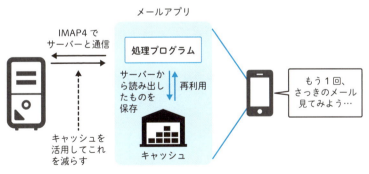

▲ キャッシュのイメージ

代表的なプロトコル　　　　　　　　　　　　　　　DNS

55 DNS：IPアドレスとドメイン名の紐づけ

アプリケーション層のプロトコルのなかには、ウェブやメールといった各種アプリを動作させるためのもの以外に、コンピューターをより使いやすく便利にするためのものも含まれています。**DNS**（ディーエヌエス）は、そのようなプロトコルの1つです。

アプリケーション層	→ DNS (Domain Name System)
トランスポート層	ドメイン名からIPアドレスへの変換や
インターネット層	IPアドレスからドメイン名への変換などを
ネットワークインタフェース層	するためのプロトコル

▲ DNSはアプリケーション層のプロトコル

このDNSは、ネットワークにつながっているコンピューターを名前で呼べるようにするためのプロトコルです。TCP/IPを利用するネットワークにつなぐコンピューターには、それぞれで異なる番号が割り当てられます。これをIPアドレスといいました（⑱、㊹ 参照 ）。しかし、この「コンピューターの番号」は人間にとって覚えづらいので、番号に代わるものとして、「コンピューターの名前」を使えるようにするのがこのDNSです。

たとえば、友だちの携帯電話の番号はなかなか覚えられないものですが、スマホの電話帳に名前と電話番号の対応を登録しておくと、名前を探し出すだけで簡単に電話をかけられるようになります。それと同じように、あるコンピューターの番号(IPアドレス)がわからなくても、そのコンピューターの名前(ドメイン名)を指定するだけで済むようにしてくれるのがDNSです。

▲ DNSのはたらきのイメージ

ところで、アプリケーション層のプロコトルの多くは、利用するアプリと対応しています。たとえば、ウェブを利用するときにはHTTP、HTTPS、メールを利用するときにはSMTP、POP3、IMAP4といった具合です。

それに対して、DNSには1:1で対応するアプリがありません。これは、DNSのはたらきである「IPアドレスの代わりにコンピューターの名前で相手を指定できるようにする」はたらきが、すべてのアプリで必要とされる機能であるからにほかなりません。つまり、対応するアプリがないというよりも、ほとんどのアプリがDNSのはたらきを利用している、ということになります。

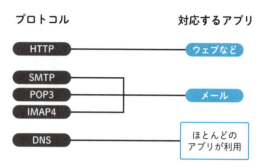

▲ 各プロトコルと対応するアプリケーション

もう少し具体的にいうと、ウェブであれメールであれ、多くのアプリでは、アクセスするサーバーを名前（ドメイン名）で指定します。そして、名前で指定されたサーバーへアクセスするときに、まずサーバーの名前をIPアドレスに変換し、そのIPアドレスを使って実際にサーバーへ接続する、という動作をします。そのため、ほとんどのアプリでDNSのはたらきが必要になるのです。このような変換機能は、スマホやPCからDNSサーバーにアクセスすることで実現されます。DNSというプロトコルはそのときに使用されるほか、DNSサーバー同士のやりとりにも使われます。DNSサーバーにアクセスする様子は㉓を、ドメイン名については㉒を、それぞれ参照してください。

なおアプリケーション層プロトコルの多くは、トランスポート層として信頼性の高いTCPを使いますが、DNSはおもにUDPと組み合わせて使い、場面によりTCPとも組み合わせて使います。

代表的なプロトコル　　　　　　　　　　　　Ethernet

56 Ethernet：通信に使うハードウェアのきまり

　ノートPCやデスクトップPCの背面や側面には、さまざまな種類のコネクター（接続口）が用意されていますが、その1つに「機器をケーブルでネットワークにつなぐ」ためのコネクターが用意されていることがよくあります。それは **Ethernet**（イーサネット）とよばれる規格のもので、メーカー、製造国、製造時期、OSなどが違っていてもお互いにつなぐことができるよう、コネクターの形、信号の電圧や電流、伝える情報の順序などが標準規格として定められています。現在、ケーブルで接続する有線式のネットワークの大部分が、このEthernetの規格に沿っているといっても過言ではありません。

TCP/IPモデルで考えた場合、Ethernetはネットワークインタフェース層のプロトコルの1つと捉えることができます。

▲ Ethernetはネットワークインタフェース層のプロトコル

では、「**Ethernetの規格の種類**」と「**規格にマッチしたケーブル選び**」という2つのキーワードに沿ってEthernetへの理解を深めましょう。

1つめのキーワードは「**Ethernetの規格の種類**」です。大きくEthernetとよばれるグループのなかには、個別の規格がいくつも定められています。

私たちがよく口にする料理に「カレー」がありますが、そのなかには、ビーフカレー、ポークカレー、チキンカレー、ドライカレー、キーマカレー、カツカレー、スープカレーなどの細かい違いのあるカレー料理が含まれています。

これと同じように、Ethernetとよばれるグループには、いくつもの個別の規格が含まれます。そのなかには、通信速度がとても速いものと、さほど速くないものがあります。また、銅線で作られたケーブルを使うものもあれば、光ファイバーで作られたケーブルを使うものもあります。

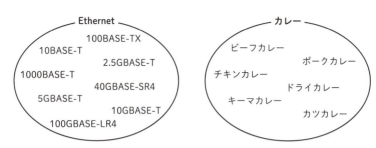

▲ カレーの種類と同じように同じEthernetでも細かな違いがある

いくつもあるEthernetの規格のうち、よく目にするものを下の表に示します。表中の「通信速度」の数値が大きいものほど高速に通信できます。

▼ さまざまなEthernetの規格

名称	通信速度	最長距離	使用媒体
10BASE-T	10 Mbps	100 m	銅線
100BASE-TX	100 Mbps	100 m	銅線
1000BASE-T	1000 Mbps	100 m	銅線
2.5GBASE-T	2.5 Gbps（2,500 Mbps）	100 m	銅線
5GBASE-T	5 Gbps（5,000 Mbps）	100 m	銅線
10GBASE-T	10 Gbps（10,000 Mbps）	100 m	銅線
40GBASE-SR4	40 Gbps（40,000 Mbps）	150 m	光ファイバー
100GBASE-LR4	100 Gbps（100,000 Mbps）	10 km	光ファイバー

なお、⑪で述べたような「1つのネットワーク」で使用する機器は、同じ規格に対応するもので揃えるのが原則ですが、Ethernetに対応する機器の大部分は、より遅い複数の規格にも対応するよう作られているため、多くの場合、高速な規格に対応する機器と、それより低速な規格に対応する機器を混在させることができます。その場合、通信は遅いほうの規格で行われます。

2つめのキーワードは「**規格にマッチしたケーブル選び**」です。

Ethernetは規格ごとに適切なケーブルが定められており、それにマッチするケーブルを選ぶ必要があります（コラム3 参照）。

　銅線のケーブルは「カテゴリー×」というかたちでその種類が表示されます。この×に入る数が大きいほど高速な通信に対応しているとみなせます。また「カテゴリー6」と「カテゴリー6A」のようにアルファベットがつかないものとつくものでは、つくものが改良版という位置づけになっていて、より高速な通信に対応します。

　Ethernetの規格とよく使われるケーブルの対応を下の表に示しました。たとえば、PCとハブが1000BASE-Tに対応しているのなら、それらの機器が性能を適切に発揮できるケーブルは、カテゴリー5e、カテゴリー6あたり、ということになります。また、いまは1000BASE-Tを使っているけれど、将来的に5GBASE-Tや10GBASE-Tにグレードアップする予定があるのなら、最初からカテゴリー6Aのケーブルを選ぶこともあります。

▼ Ethernetの規格とよく使われるケーブルの対応

	カテゴリー7	カテゴリー6A	カテゴリー6	カテゴリー5e	カテゴリー5
100BASE-TX				★	★
1000BASE-T			★	★	
2.5GBASE-T			★	★	
5GBASE-T		★	★		
10GBASE-T	★	★			

※よく使われる組み合わせを星印で示した。背景にあるバーの色の濃さは余裕の程度のイメージを表したもの
※カテゴリー7のケーブルが本来の性能を発揮するには特殊なコネクタなどが必要だが、それに対応する機器は少ない

　このような対応を考慮しないままで、Ethernetの規格にマッチしない、性能が不十分なケーブルを使うと、通信速度が遅くなったり、通信状況が不安定になったりします。

Chapter 6

実際のネットワークでのやりとりを見てみよう

この Chapter では、PC やスマホから送り出されたデータが、実際のネットワークでどのようにやりとりされているか、さらにくわしく見てみましょう。その様子を知ることで、目には見えない**ネットワークの動き**を理解できるはずです。

通信のしくみ

イーサネットフレーム　MACアドレス　フラッディング

57 ハブでつないだコンピューター同士のやりとり

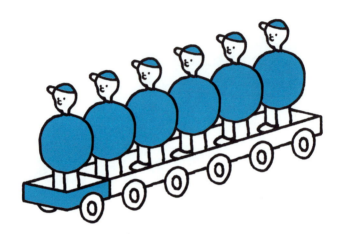

　の章では、ネットワークでデータがやりとりされる様子を、さらに踏み込んで見てみることにします。その手始めとして、**ハブでつないだコンピューター同士が通信する基本的なしくみ**を確認しておきましょう。

　ここで説明するのは、いわば「裸のネットワーク」のようなものです。「裸のネットワーク」をそのまま使うことは多くありませんが、実際のネットワークのベースとなる部分なので、基本的なしくみとして理解しておきましょう。実際のネットワークの様子は、次の項以降で説明します。

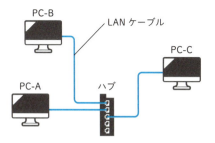

▲ 想定する接続状況

　有線LANでネットワークを作るには、まずハブを用意します。そしてハブのLANポートとコンピューターのLANポートをLANケーブルで1対1につなぎます。同様に、いくつかのコンピューターを同じハブにつなぐと、それぞれのコンピューターが同じネットワークにつながったことになります。

　このようにしてネットワークにつながったあるコンピューターから別のコンピューターにデータに送るときは、まず、送りたいデータを決められた形式に整えます。この形式はイーサネットの規格で定められていて、「送りたいデータを収める部分」と、「宛先コンピューターや送信元コンピューターの情報などが含まれる部分」からなります。このような決められた形式に整えられたひとまとまりのデータを、**イーサネットフレーム**とよびます。

　イーサネットでは、イーサネットフレームを単位としてデータのやりとりを行います。つまり、データを一つひとつ送るのではなく、ある程度のデータをひとまとめにして送るかたちです。その様子は、次ページの図のような、**決まった形の箱に乗せられて運ばれるデータ**をイメージするとわかりやすいかもしれません。

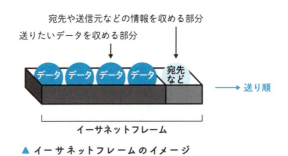

▲ イーサネットフレームのイメージ

　イーサネットフレームでの宛先コンピューターや送信元コンピューターの指定には、**MACアドレス**が使われます。MACアドレスは、コンピューターのネットワーク回路に書き込まれている番号で、原則として、**コンピューターの個体ごとに値が違います**。そのため自分や相手を特定する情報として使えます。

　イーサネットフレームのかたちに整えられたデータは、LANケーブルを通してコンピューターからハブに送り出されます。データを送るコンピューターの仕事はここまでです。

　ここからはハブが仕事をします。送られてきたイーサネットフレームを受け取ったハブは、まず、イーサネットフレームのなかから宛先コンピューターのMACアドレスを取り出します。次に、内部にもっている「**ポートとMACアドレスの対応表**」と、そのMACアドレスを照らし合わせます。

このとき、対応表にそのMACアドレスが登録されていたら、それに対応するポートからイーサネットフレームを送り出します。こうすることで、イーサネットフレームが宛先コンピューターに送り届けられます。

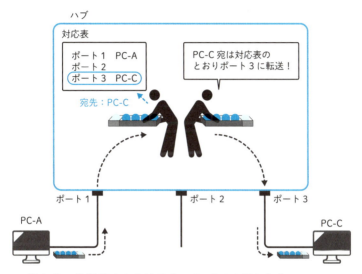

▲ 対応表に登録済みなら対応するポートから送り出す

　もし、つないで間もないなどの理由で、対応表に宛先コンピューターのMACアドレスが登録されていない場合は、宛先コンピューターがどこのポートにつながっているかわからないので、イーサネットフレームが届いたポート以外のすべてのポートからイーサネットフレームを送り出します。乱暴なようですが、こうすることで、宛先コンピューターがどこにつながっていてもイーサネットフレームが届きます。このような動作を**フラッディング**とよびます。

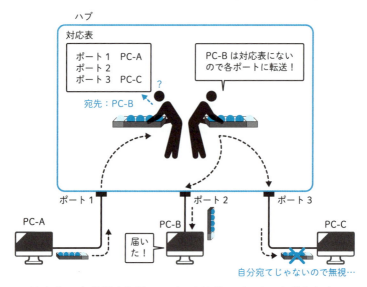

▲ 対応表に未登録なら届いたポート以外のポートから送り出す
（フラッディング）

　フラッディングが行われると、関係ないコンピューターにもイーサネットフレームが送られますが、各コンピューターは自分宛でないイーサネットフレームを無視するので問題は起きません。

　また、イーサネットフレームの転送と合わせて、ハブはそれが届いたポート番号と送信元コンピューターのMACアドレスの対応を「ポートとMACアドレスの対応表」に登録します。こうすることで、どのポートにどのMACアドレスのコンピューターがつながっているかの記録がアップデートされ、その記録が次の転送のときに利用されます。ちなみに「ポートとMACアドレスの対応表」は、正式には、**MACアドレステーブル**、あるいは**フォワーディングデータベース**とよばれます。

通信のしくみ　　　　　　　　　　　　　　　　　IPパケット

58 実際のネットワークでの通信の様子

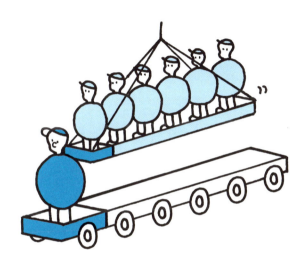

続いて、実際のネットワークでコンピューター同士がどのようにデータをやりとりしているか見てみましょう。いくつかのネットワークをつないで、別のネットワークにあるコンピューターとも通信できるようにするため、前項で説明した「裸のネットワーク」のしくみをベースにしながら、さらに多くの工夫が盛り込まれています。

その工夫の1つが、箱の中に箱を入れる方式です。もっと具体的にいうと、イーサネットフレームという箱の中に、IPパケットという箱を入れてしまいます。

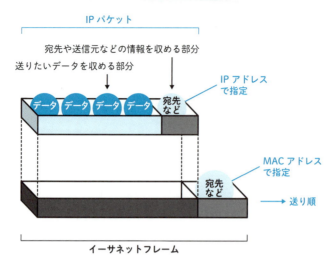

▲ イーサネットフレームにIPパケットを載せるイメージ

IPパケットは、ネットワーク同士をつないだときに、**どこのネットワークにあるコンピューターとも自由にやりとりできる箱**です。イーサネットフレームが、あるネットワークのなかでだけ使われる箱なのに対し、IPパケットは、1つのネットワークの範囲を超えて、ほかのネットワークにも送れる箱と考えてください。このような箱が、ネットワーク同士をつないでいる部分で、ルーターによって載せ替えられます。そうすることで、1つのネットワークの範囲を超えて、コンピューター同士が自由にデータをやりとりできるようになります。

もう少しくわしく見てみましょう。まず、上図のIPパケットの形に注目してください。IPパケットは、「**送りたいデータを収める部分**」と、「**宛先や送信元などの情報を収める部分**」とに分かれた形をしています。この様子は、イーサネットフレームとよく似ています。

イーサネットフレームと違うのは、**宛先などの指定にIPアドレスが使われる**点です。IPパケットはネットワークをまたいでやりとりされるので、どこのネットワークにあるコンピューターでも一意に指定できるIPアドレスが使われます。

それでは、ここまでの説明を踏まえ、具体的なネットワークの動作を考えてみましょう。いま、3台のPCをLANケーブルでハブにつないで作ったネットワークAと、同じように作ったネットワークBとを、ルーターでつないでいるとします。この状況で、PC-Aから送り出したデータがPC-Fに届くまでを順に追いかけてみます。

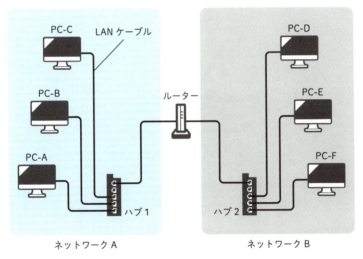

▲ 想定する接続状況

PC-Aは、IPパケットの「送りたいデータを収める部分」に送りたいデータを載せ、「宛先や送信元などの情報を収める部分」に送り先PC-Fや自分自身のIPアドレスなどを書き込みます。

次に、そのIPパケット全体をイーサネットフレームの「送りたいデータを収める部分」に載せ、イーサネットフレームの「宛先や送信元などの情報を収める部分」に、**ルーターのMACアドレス**を書き込みます。そして、これをハブ1に送ります。

　ハブ1は、受け取ったイーサネットフレームの「宛先や送信元などの情報を収める部分」から宛先を取り出します（そこにはルーターのMACアドレスが書き込まれています）。そして、それを「ポートとMACアドレスの対応表」に照らし合わせます。こうすることで宛先MACアドレスの機器がポート5につながっていることがわかったら、ハブ1はその**イーサネットフレームをポート5から送り出します。**

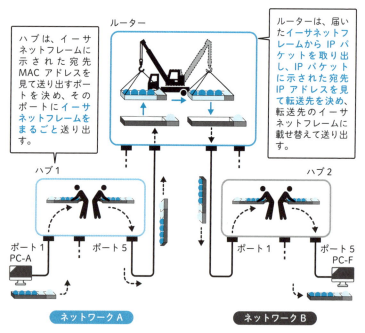

▲ PC-Aが送ったデータがPC-Fに届くまで

こうして送り出したイーサネットフレームは、ルーターに到着します。ルーターでは、まずイーサネットフレームからIPパケットを取り出します。そして、IPパケットの「宛先や送信元などの情報を収める部分」から、宛先を取り出します(そこにはPC-FのIPアドレスが書かれています)。

　ルーターは**そのIPアドレスから、それを転送する先を決めます**。そして、転送先ネットワーク用のイーサネットフレームの「送りたいデータを収める部分」にIPパケットを載せ替え、「宛先や送信元などの情報を収める部分」に宛先であるPC-FのMACアドレスを書き込みます。そして、そのイーサネットフレームをハブ2に送り出します。

　ハブ2は受け取ったイーサネットフレームの「宛先や送信元などの情報を収める部分」から宛先を取り出し、それを「ポートとMACアドレスの対応表」に照らし合わせます。そして、そのMACアドレスの機器、つまりPC-Fがつながるポート5からイーサネットフレームを送り出します。

　すると、そのイーサネットフレームがPC-Fに届き、PC-Fはその中からIPパケットを取り出し、さらにそのなかからデータを取り出して、**自分に送られてきたデータを受け取ります**。このようにして、PC-Aが送り出したIPパケットは、途中のルーターでイーサネットフレームを載せ替えられて、PC-Fに届けられます。

　ここで注目すべきなのが、ハブ1とハブ2はイーサネットフレームに書かれた宛先MACアドレスを頼りにどのポートから送り出すかを決め、ルーターはIPパケットに書かれた宛先IPアドレスを頼りに転送先を決めるという点です。このように**MACアドレスとIPアドレスの両方が使われる**点が、このしくみのわかりにくいところです。これを次の項で整理しましょう。

通信のしくみ　ブロードキャスト　ARP　ルーティングテーブル

59 IPアドレスとMACアドレスの関係づけ

私たちがいつも利用するネットワークでは、「箱の中に箱を入れる」方式が使われ、それらの宛先としてIPアドレスとMACアドレスの両方が使われていることを前項までに説明しました。最後に、IPアドレスとMACアドレスがどのように使い分けられているのか、もう少し深掘りしてみましょう。

まず、基本的なことを確認しておきます。1つめは、これまで何度か触れてきたように、私たちが使うネットワークでコンピューター同士が通信するときには、通常**「IPアドレス」を使って通信相手を指定する**点です。そして、2つめは、ネットワークに使われるイーサネットという通信規格では、イーサネットフレームとよばれるデータを入れた箱の**宛先を「MACアドレス」**

で指定する点です。

では、順を追って見てみましょう。ここでは、PC-AがPC-C(同じネットワーク)にIPパケットを送る場合を考えます。このときPC-Aは、IPパケットの宛先として、PC-CのIPアドレス(たとえば198.51.100.4)をセットします。しかし、このIPアドレスだけでは、ハブ1を通してPC-CにIPパケットを届けることができません。なぜなら、そのIPパケットはイーサネットフレームに収められ、ハブ1はそのイーサネットフレームにつけられた宛先をもとにデータを送り出すからです。

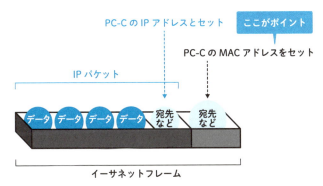

▲ **PC-AがPC-C(同じネットワーク)にIPパケットを送るためのイーサネットフレーム**

そこで、PC-Aはある特別な動作をします。それは、同じハブにつながった全PCに届く特殊な方法(**ブロードキャスト**)で、「198.51.100.4の人はいませんか?」のような問い合わせを送るというものです。この問い合わせを行うと、「198.51.100.4」のIPアドレスをもっているPC-Cが「はい、います。私のMACアドレスは00-00-5E-00-53-12です」のように、自分のMACアドレスをPC-Aに送り返します。PC-Aはその答えを受け取ることで、198.51.100.4というIPアドレスをもつコンピュータ(PC-C)のMACアドレスが00-00-5E-00-53-12であることを知ります。

この動作は **ARP**(アープ)とよばれます。ARPで得られた結果は、同じ問い合わせを何度も繰り返さなくて済むよう、しばらく保存しておきます。

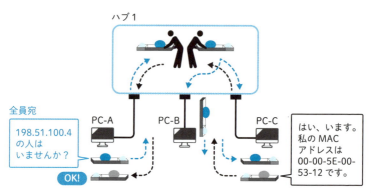

▲ IPアドレスからMACアドレスを求めるしくみ(ARP)

ARPによってIPアドレスに対応するMACアドレスが判明したら、PC-AはIPパケットを収めたイーサネットフレームの宛先情報にPC-CのMACアドレスをセットし、ハブ1に送り出します。ハブ1は、受け取ったイーサネットフレームの宛先情報を見て、PC-Cがつながったポートに転送します。これによりPC-Cにイーサネットフレームが届き、PC-Cがイーサネットフレームから IPパケットを取り出すことで、IPパケットの受け取りが無事に完了します。

次に、前項でも取り上げた PC-A から PC-F(別のネットワーク)にIPパケットを送るケースを、よりくわしく考えてみます。この説明は p.192 の図を見ながら読み進めてください。まず PC-A は IP パケットの宛先に、送り先となる PC-F の IP アドレスを書き込みます。この様子は前半での説明と変わりません。

違うのはここからです。PC-F は別のネットワークにあるので、この IP パケットは**ルーターに転送してもらう**必要があります。

そこでPC-Aは転送を依頼するルーターのIPアドレスを調べ出し（詳細は省略しますが**ルーティングテーブル**とよばれるものを使います）、それに対応するMACアドレスを前出のARPで取得します。これにより得られたルーターのMACアドレスをイーサネットフレームの宛先にセットして、ハブ1に送ります。

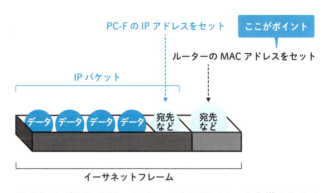

▲ **PC-AがPC-F（別のネットワーク）にIPパケットを送るためのイーサネットフレーム**

するとハブ1は、そのイーサネットフレームを、ルーターがつながったポートから送り出します。こうすることで、イーサネットフレームが無事ルーターに届き、ルーターでは前項で説明したようなIPパケットの載せ替えが行われます。

ルーターからPC-FにIPパケットを送るときも同様です。ルーターはイーサネットフレームにIPパケットを入れ、その宛先にPC-FのMACアドレスを書き込まなければなりません。このときは**ルーターがARPを利用**してPC-FのIPアドレスからMACアドレスを調べ、それをイーサネットフレームの宛先に書き込んでハブ2に送ります。するとハブ2がそれをポート5から送り出して、PC-Fに届きます。そして、PC-Fがイーサネットフレームから IPパケットを取り出せば、無事にIPパケットはPC-Fに届いたことになります。

このように、IPパケットを送ろうとするコンピューターは、宛先が同じネットワークのときと、別のネットワークのときで、少し違う動作をします。宛先のコンピューターが同じネットワークか、別のネットワークかは、**IPアドレスのホスト部が自分と同じかどうか**を確認することで判断できます。

　なお、本書の Chapter 4 では、プロトコルを階層的に重ねると説明しましたが、実際のネットワークでのやりとりは、ここで説明したように、下位層のプロトコルの箱の中に、上位層のプロトコルの箱を入れて送るようなかたちで行われます。

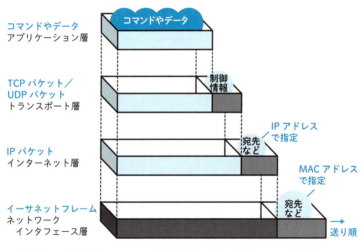

▲ 実際にやりとりするデータと階層化されたプロトコルの関係

　ここまで見てきたとおり、実際のネットワークの動作は少々複雑です。しかし、これがわかればネットワークのキモは理解できたようなものです。もし1回読んでわからなくても、諦めずに何度もくりかえし読んでみてください。

INDEX

数字

2進数 58

3G 104

4G 4, 104

5G 4, 104

アルファベット

ACK 147
AES 93
ARP 196

bps 24

CCMP 93
ccTLD 64

DNS 176
DNSキャッシュサーバー 67
DNSコンテンツサーバー 67
DNSサーバー 67
DNSルートサーバー 67

eSIM 13
Ethernet 179

gTLD 64

HTML 163
HTTP 127, 158
HTTPS 158
Hz 77

ICANN 52
IEEE 74
IMAP4 172
IP 125, 131, 136
IPv4 59
IPv6 59
IPアドレス 50, 125, 139
IPアドレス枯渇問題 59
IP電話（インターネット電話） 153
IPパケット 138, 190

JPRS 64

LAN 6
LANアダプター 11

LANケーブル 10, 18	TCP 126, 142
LANポート 10, 18	TCP/IP 144
	TCP/IPモデル 121, 125
MACアドレス 186	TKIP 93
MACアドレステーブル	TLD 63
（フォワーディングデータベース）........... 188	TLS 132
Massive MIMO 98	
MIMO 97	UDP 126, 150
MU-MIMO 98	URI 162
	URL 162
nanoSIM 13	URN 162
NAPT 52	USBポート 11
NAT 52	UTPケーブル 25
OLT（光回線終端装置） 49	
ONU（光回線終端装置） 6, 48	VoIP 153
OS 16	
OSI参照モデル 121, 129	WAN 6
	Wi-Fi 72, 125
POP3 168	Wi-Fi EasyMesh 89
	World Wide Web 63
SIMカード 13	WPA2 93
SIMフリースマホ 13	WPA3 93
SLD 63	
SMTP 127, 164	**あ行**
SSID 15, 82	アクセスポイント（AP） 7, 87
SSL 132	アクセスポイントモード（ブリッジモード）
STPケーブル 25	 86
	足回り回線（アクセス回線） 40
	アプリケーション層 127, 133

暗号アルゴリズム............................92
暗号化......................................85, 91
暗号鍵......................................85, 91
暗号化キー...............................17, 85
暗号化規格....................................92
暗号技術.......................................91

イーサネット..........................24, 125
イーサネットフレーム.....................185
一意（ユニーク）............................50
インターネット...............................28
インターネット層..........................125
インターネットワーキング................35

大手キャリア.................................12
親機（無線LAN親機）..................7, 22
音声通信..5

か行

回線事業者................................9, 39
格安SIM.......................................12

基地局...4
キャッシュ...............................67, 175
局舎...40

クライアント............................61, 160
クライアント／サーバーモデル........61
クラッド...43

グローバルIPアドレス....................51

圏外...79

コア...43
公衆無線LAN...............................15
肯定確認応答..............................147
子機（無線LAN子機）......................7
固定IPアドレス
（静的IPアドレス、不変IPアドレス）......53
コネクション型.............................156
コネクションレス型.......................156
コマンド......................................166

さ行

サーバー.........................28, 61, 160
再送..148

シーケンス番号...........................146
シールド......................................25
周波数...76

石英ガラス...................................43
セッション層...............................132
接頭語...77

相互接続性............................73, 112

た行

チェックサム 148
中継器 89

通信規格 74
通信網 2

データ通信 5
データリンク層 130
テザリング 107
デバイス（端末） 2
電気信号 48
電磁波 76
電波 72, 76

動的IPアドレス（可変IPアドレス） 53
ドメイン名 62
トランスポート層 126
ドロップケーブル 45

な行

認証 85

ネットマスク 57
ネットワーク 2
ネットワークアドレス 57
ネットワークインタフェース層 124
ネットワーク層 131
ネットワーク部 57

は行

パケット 138
ハブ 19, 20
ハンドオーバー 102

光回線 40
光クロージャ 45
光ケーブル 5, 43
光コラボ 41
光コンセント 45
光信号 42
光伝送装置 45
光配線盤 45
光ファイバー 42
ピクト 14
ビット 59
標準化 112

復号 91
物理層 130
プライベートIPアドレス 51
プラチナバンド 79
フラッディング 187
フリーWi-Fiスポット 15
プレゼンテーション層 132
ブロードキャスト 195
プログラム 119
プロトコル（通信プロトコル） 111
プロバイダー（ISP） 2, 35, 36

ヘッダ 162

ホームゲートウェイ 7
ホームルーター 107
ホスト部 57

ま行

マイコン 28

無線LAN 6

メッシュ構成 89

モデム 6
モバイルデータ通信 4

や行

有線LAN 10

より対線 25

ら行

リクエスト 61, 160

ルーター（Wi-Fiルーター）............. 6, 31
ルーターモード 86
ルーティング 23, 32, 140
ルーティングテーブル..................... 141

レジストリ 64
レスポンス 61, 160, 166

〈著者略歴〉

福永 勇二 (ふくなが・ゆうじ)

日本電信電話株式会社のエンジニアを経て、1995年、有限会社インタラクティブリサーチを設立して独立。コンピューターおよびネットワークシステムの設計、開発、運営、調査、執筆などを行う。
参加団体：情報処理学会。
著書：「ネットワークがよくわかる教科書 第2版 (2025年)」「イラスト図解式 この一冊で全部わかるネットワークの基本 第2版 (2023年)」(ともにSBクリエイティブ) など。

本文イラスト：加納 徳博
本文デザイン：上坊 菜々子

- 本書の内容に関する質問は、オーム社ホームページの「サポート」から、「お問合せ」の「書籍に関するお問合せ」をご参照いただくか、または書状にてオーム社編集局宛にお願いします。お受けできる質問は本書で紹介した内容に限らせていただきます。なお、電話での質問にはお答えできませんので、あらかじめご了承ください。
- 万一、落丁・乱丁の場合は、送料当社負担でお取替えいたします。当社販売課宛にお送りください。
- 本書の一部の複写複製を希望される場合は、本書扉裏を参照してください。

JCOPY ＜出版者著作権管理機構 委託出版物＞

「ネットワーク、マジわからん」
と思ったときに読む本

2025年 4月25日　第1版第1刷発行
2025年 8月10日　第1版第2刷発行

著　者　福永勇二
発行者　髙田光明
発行所　株式会社 オーム社
　　　　郵便番号　101-8460
　　　　東京都千代田区神田錦町3-1
　　　　電話　03(3233)0641(代表)
　　　　URL　https://www.ohmsha.co.jp/

© 福永勇二 2025

組版　クリーク　印刷・製本　壮光舎印刷
ISBN978-4-274-23182-7　Printed in Japan

本書の感想募集　https://www.ohmsha.co.jp/kansou/
本書をお読みになった感想を上記サイトまでお寄せください。
お寄せいただいた方には、抽選でプレゼントを差し上げます。

マジわからん シリーズ

「サイバーセキュリティアワード2023」書籍部門
最優秀賞 受賞!

サイバーセキュリティ、マジわからんと思ったときに読む本

大久保 隆夫 著

四六判・176頁・定価（本体1800円【税別】）

Contents

Chapter 1
サイバーセキュリティは
どうして必要なんだろう？

Chapter 2
サイバー攻撃の手口を知ろう

Chapter 3
サイバーセキュリティの
基本的な考えかた

Chapter 4
情報を守るための技術を知ろう

Chapter 5
サイバー攻撃のしくみを知ろう

センサのしくみや応用範囲の知識がどんどん身につく！

センサ、マジわからんと思ったときに読む本

戸辺 義人・ロペズ ギヨーム 共著

四六判・168頁・定価（本体1800円【税別】）

Contents

Chapter 1
さまざまな場面で使われるセンサ

Chapter 2
センサの基本をみてみよう

Chapter 3
センサで位置や動きを測る

Chapter 4
センサで距離を測る・物体を認識する

Chapter 5
センサでIDを認識する

Chapter 6
センサで生体信号を測る

Chapter 7
センサで環境を測る

Chapter 8
センサの性能・特性をみてみよう

Chapter 9
センサ活用システム

今後も続々、発売予定！

もっと詳しい情報をお届けできます．
◎書店に商品がない場合または直接ご注文の場合も
　右記宛にご連絡ください．

ホームページ https://www.ohmsha.co.jp/
TEL／FAX TEL.03-3233-0643　FAX.03-3233-3440

（定価は変更される場合があります）